高等院校应用型化工人才培养丛书

化学工程与工艺专业实验

田维亮　**主编**

白红进　**主审**

华东理工大学出版社
EAST CHINA UNIVERSITY OF SCIENCE AND TECHNOLOGY PRESS

·上海·

内 容 提 要

本书介绍了典型的化工专业实验的基础知识和实验,注重培养学生综合素质,通过实验操作使学生掌握化工生产的基本操作技能。其内容包括绪论、化工专业实验基础、基础数据测定实验、化学反应工程实验、化工分离技术实验、化工工艺实验、研究开发实验、化工仿真实验等内容。

本书可作为高等院校化学工程与工艺专业本科教材,也可作为化学及其相关专业的实验教材,并可供从事化工生产、管理、科研和设计的工程技术人员参考。

图书在版编目(CIP)数据

化学工程与工艺专业实验/田维亮主编. —上海:华东理工大学出版社,2015.2(2023.12重印)

高等院校应用型化工人才培养丛书

ISBN 978-7-5628-4103-6

Ⅰ.①化… Ⅱ.①田… Ⅲ.①化学工程—化学实验 Ⅳ.①TQ016

中国版本图书馆 CIP 数据核字(2014)第 276528 号

高等院校应用型化工人才培养丛书

化学工程与工艺专业实验

主　　编 / 田维亮
主　　审 / 白红进
责任编辑 / 徐知今
责任校对 / 成　俊
封面设计 / 裘幼华
出版发行 / 华东理工大学出版社有限公司
　　　　　　地　　址:上海市梅陇路 130 号,200237
　　　　　　电　　话:(021)64250306(营销部)
　　　　　　　　　　　(021)64252174(编辑室)
　　　　　　传　　真:(021)64252707
　　　　　　网　　址:www.ecustpress.cn
印　　刷 / 上海新华印刷有限公司
开　　本 / 787mm×1092mm　1/16
印　　张 / 14
字　　数 / 336 千字
版　　次 / 2015 年 2 月第 1 版
印　　次 / 2023 年 12 月第 3 次
书　　号 / ISBN 978-7-5628-4103-6
定　　价 / 38.00 元

联系我们:电子邮箱 zongbianban@ecustpress.cn
　　　　　官方微博 e.weibo.com/ecustpress
　　　　　淘宝官网 http://hdlgdxcbs.tmall.com

编委会名单

主　编　田维亮

主　审　白红进

副主编　张越锋　穆金城　葛振红

编　委　白红进　田维亮　穆金城

　　　　张越锋　李秀敏　葛振红

　　　　吕喜风

前　言

实施科教兴国战略,建设创新型国家,实践"卓越工程师教育培养计划",高等院校应当把创新能力的教育和培养贯穿于各门课程教学及实践性教学环节中。化学工程与工艺专业实验是在学生学习化工原理、分离工程、化工热力学、化学反应工程、化工设备基础、化工仪表与自动化、石油炼制工程、化工工艺学等专业课程之后所开设的一门专业实验课,是化学工程与工艺专业的重要实践环节之一。通过本课程的学习,一方面巩固学生对本专业基础和专业理论知识的认识与理解,另一方面培养工科学生的基本实验技能及对实验现象进行分析、归纳和总结的能力,较为直观地树立起工程思想和观念,塑造工程素养,为今后从事相关领域工作打下良好的基础。

现代化化工企业逐渐实现自动化和半自动化的生产控制,大量的工作人员从繁复的操作中解脱出来,然而对现代化的员工也提出了更高的要求。目前,大型化工厂基本实现DCS 系统中央集中控制,这样除了让员工掌握基本的化工专业操作知识外,还需要熟悉计算机 DCS 系统控制的相关知识。因此,现代的化工单元操作实验教学也需要跟随社会发展的要求,进行教学改革。本书以化工专业操作仿真教学为切入点,分类实验加综合设计型实验为主,推进化工实验教学改革。

《化学工程与工艺专业实验》由白红进教授担任主审,田维亮老师(第 4 章、第 5 章、第 10 章)、穆金城老师(第 7 章)、李秀敏老师(第 6 章 6.1～6.6 节)、张越锋老师(第 6 章 6.7 节、第 8 章)、吕喜风老师(第 9 章 9.2～9.3 节和附录、参考文献)和葛振红老师(绪论、第 1 章、第 2 章、第 3 章、第 9 章 9.1 节)等编写而成。非常感谢北京东方仿真软件技术有限公司覃杨工程师、尉明春工程师、杨杰工程师和华东理工大学化学工程与工艺实验中心张秋华工程师等提供技术资料。其他兄弟院校的老师和企事业单位的工程技术人员也参与了编写讨论,并提出许多宝贵意见。在此,对本书在编写过程中给予热心帮助和支持的老师和同行,深表感谢。

由于编者水平和经验有限,时间仓促,疏漏在所难免,希望教师及同学们给予批评指正,使本书日臻完善。

目　　录

第一篇　化工专业实验基础

第二篇　化工专业实验实例

第一篇

化工专业实验基础

绪　论

0.1　实验目的

"化学工程与工艺专业实验"是学生修完专业基础课、专业课之后，所开设的一门独立设置的专业必修课，是学习化学工程和化学工艺相关知识的重要实践环节。该实验课程与其他专业必修课密切配合，相辅相成，共同完成必需的专业课教学。本课程主要通过实验教学形式，达到以下目的：

（1）提高学生感性认识。使学生在前修实验课的基础上，通过独立实验，更好地理解理论教学内容，实现知识的融会贯通和综合利用的能力，进一步巩固和提高实验操作技能，为从事科学研究、产品开发、工程设计和解决生产中的技术问题奠定坚实的基础。

（2）培养学生理论联系实际，树立实事求是、严格认真、求实的科学态度，养成良好的工作、学习习惯。

（3）培养学生综合运用前修课程的知识，正确观察、思考和分析实验过程，提高科研、动手、分析问题和解决问题的能力。

（4）加强计算机的应用和数据处理、文字叙述、口头表达等能力的训练。

（5）通过本实验课的开设，使同学们真正体会所学专业知识的实际应用价值，体会到本专业是能够大有作为的。激发学生学习化工专业的兴趣，培养学生的创新意识和创新能力。

0.2　实验特点

化工专业实验是化学工程与工艺专业的一门重要的实践性课程，其教学内容涉及较多的化工单元过程和先进的仪器分析手段，比如化工单元过程：流体的计量和输送、反应系统控制、汽液分离等；比如现代仪器分析：比表面积测定、红外光谱测定、气相色谱和液相色谱等方面的理论和操作；还涉及催化剂的制备、化工工艺中有关工艺控制、化学反应工程及化工热力学中有关动力学和热力学的理论；同时注重融入本学科的最新发展知识，渗透相关学科的理论和技能。结合教师科研方向和专业特色开设的综合性、设计性、研究创新性的实验，同时以化工仿真为本课程教学改革的切入点，新开设化工仿真实验。本实验课程培养学生动手能力和创新精神的角度出发，在保证学生能够获得专业综合培养方案所规定的实验技术与技能的同时,通过开设部分独立于课程之外的综合性、设计性实验项目,帮助学生完成自选课外内容或帮助学生科技立项等,使实验室真正成为学生创新实践活动的基地,对学生专业实践能力的提高和创新精神的培养具有举足轻重的作用。通过本实验课程的开设,使学生可以获得全方位的训练,特别对培养学生开拓创新的能力和思维方式具有积极的作用。

0.3 实验要求

化工专业性实验根据各个实验的目的和任务,2～4人1组,1组1套实验装置,在规定时间内,独立或共同完成实验测定、数据处理,并撰写实验报告。为了保证实验的顺利进行,以达到预期的目的,要求学生必须做到以下几点。

1. 充分预习

(1)根据实验内容和相关资料的内容,明确实验的目的及原理;

(2)认真阅读实验讲义,掌握实验项目的要求、内容、所依据的原理及所需测量的数据,用什么实验方法,使用什么仪器,控制什么条件,需要注意什么问题等;

(3)综合设计性实验按实验小组讨论并拟定实验方案,预先做好分工。

2. 认真操作

(1)学生实验前必须经教师检查,达到预习要求后才允许进行实验。

(2)按要求进行实验前准备工作。学生要亲自动手操作,了解实验装置,摸清实验流程、测试点、操作控制点及所使用的检测仪器、仪表。

(3)实验过程中,勤于动手、敏锐观察、细心操作、深入分析、钻研问题,准确记录原始数据,经教师检查并签名后的实验及其原始数据记录才有效。

3. 做好记录

学生必须准备一个实验记录本,及时且如实地记录实验现象和数据,以便对实验现象做出正确的分析和解释。要养成随做随记的良好习惯,切不可等实验结束后凭回忆补写实验记录,更不允许编造实验数据。

4. 书写实验报告

实验结束后应写出实验报告,其内容可根据各个实验的具体情况自行组织。一般应包括:实验日期,实验名称,同组同学姓名,实验仪器、设备,原料规格,实验目的、实验原理,操作步骤,结果处理和问题讨论等。

一个完整的专业实验过程实际上就是一项科学研究的缩影,预习相当于查阅文献和开题论证,实验操作相当于实验数据的获得,实验报告是对研究的分析与总结。做专业实验是学生接受科研训练的过程,学生应认真对待和参与专业实验。

0.4 实验安全注意事项

实验室潜在着各种危害因素。这些潜在的危害因素可能引发出各种事故,造成环境污染和人体伤害,甚至可能危及人的生命安全。实验室安全技术和环境保护对开展科学实验有着重要意义,我们不但要掌握这方面的有关知识,而且应该在实验中加以重视,防患于未然。

（1）学生在实验室内要认真遵守纪律,遵守实验室守则以及其他规章制度,听从教师指导,不迟到不早退,不得在实验室大声喧哗,保持实验室内安静。

（2）实验室内动力电、配电线路不得自行更动、超负荷用电或昼夜不断电。用电导线不能裸露,实验时严禁裸线带电工作(如带电接、拆线)。使用高压动力电时,应穿戴绝缘胶鞋和手套,或用安全杆操作;有人触电时,应立即切断电源,或用绝缘物体将电线与人体分离后,再实施抢救。

（3）实验前要认真做好预习工作,认真地阅读实验内容,了解实验目的、要求、原理以及实验步骤;实验前要进行现场预习,了解整个实验的实验流程,了解相关实验设备的各个装置、操作控制点、测试点、仪表使用方法、操作步骤及顺序等。实验前各小组要组织制定好实验方案,包括实验流程、实验步骤、所需材料设备、实验检测手段、数据记录等,并针对实验方案,做好实验分工。

（4）实验操作过程,学生一定要严格按照相关实验的操作规程进行操作,遵守相关仪器设备的操作规程,不得擅自变更操作步骤,操作前须经教师检查同意后方可接通电路和开车,实验过程中遇到问题不得擅自处理,应及时向老师汇报,老师处理后方可进行操作。操作中仔细观察现象,并会分析引起现象的原因,如实记录实验现象和数据。

（5）实验后按照操作规程,按步骤关闭相关操作点,待老师检查无误后,向老师报告方可离开。并根据原始实验数据记录,按相关实验报告要求处理数据、分析问题及时做好实验报告。

（6）爱护实验设备和实验仪器,爱护仪器设备、材料、工具等,实验药品和耗材要注意节约。

（7）做好实验室的清洁工作,保持实验室整洁,废品、废物丢入垃圾箱内,恢复仪器设备原状,关好门窗,离开实验室前要确保水、电、气关闭。

（8）易燃与有毒危险品要妥善保管,对废气、废物、废液的处理须严格按照有关规定执行,不得随意排放,不得污染环境。

（9）违章操作,玩忽职守,忽视安全而酿成事故的,应及时向老师报告,对相关责任人要从严处理,所造成的损失按学校有关规定赔偿。

0.5 思考题

1. 如何学好化工专业实验?
2. 化工专业实验与其他实验有何区别?

第1章　化工实验方案确定

化学工程与工艺专业实验是初步了解、学习和掌握化学工程与工艺学科科学实验研究方法的一个重要实践性环节。专业实验不同于基础实验，其实验目的不仅仅是为了验证一个原理，观察一种现象或是寻求一个普遍适用的规律，而是为了有针对性地解决一个具有明确工业背景的化学工程与工艺的相关问题。因此，在实验的组织和实施方法上与科研工作十分类似，也是从查阅文献、收集资料入手，在尽可能掌握与实验项目有关的研究方法、检测手段和基础数据的基础上，通过对项目技术路线的优选，实验方案的设计，实验设备的选配，实验流程的组织与实施来完成实验工作，并通过对实验结果的分析与评价获取最有价值的结论。

化学工程与工艺专业实验的进行，原则上可分为三个阶段：第一，实验方案的拟定；第二，实验方案的组织与实施；第三，实验结果的分析与评价。本章先介绍实验方案的拟定。

实验方案是指导实验工作有序开展的一个纲要。实验方案的科学性、合理性、严密性与有效性往往直接决定了实验工作的效率与成败。因此，在着手实验前，应围绕实验目的，针对研究对象的特征对实验工作的开展进行全面的规划和构想，拟定一个切实可行的实验方案。实验方案的主要内容包括：实验技术路线与方法的选择，实验内容的确定，实施方案的设计。

1.1　实验技术路线与方法选择

化学工程与工艺实验所涉及的内容十分广泛，由于实验目的的不同、研究对象的特征不同，系统的复杂程度不同，实验者要想高起点、高效率地着手实验，必须对实验技术路线与方法进行选择。

技术路线与方法的正确选择应建立在对实验项目进行系统周密的调查研究基础之上，认真总结和借鉴前人的研究成果，紧紧依靠化学工程理论的指导和科学的实验方法论，以寻求最合理的技术路线，最有效的实验方法。选择和确定实验的技术路线与方法应遵循如下四个原则。

1. 技术与经济相结合的原则

在化工过程开发的实验研究中，由于技术的积累，针对一个课题，往往会有多种可供选择的研究方案，研究者必须根据研究对象的特征，以技术和经济相结合的原则对方案进行筛选和评价,以确定实验研究工作的最佳切入点。

以 CO_2 分离回收技术的开发研究为例。在实验工作之前,由文献查阅得知,可供参考的 CO_2 分离技术主要如下。

(1) 变压吸附:其技术特征是 CO_2 在固体吸附剂上被加压吸附,减压再生。

(2) 物理吸收:其技术特征是 CO_2 在吸收剂中被加压溶解吸收,减压再生。

(3) 化学吸收:其技术特征是 CO_2 在吸收剂中被反应吸收,加热再生。使用的吸收剂主要有两大系列,一是有机胺水溶液系列,二是碳酸钾水溶液系列。

究竟应该从哪条技术路线入手呢?这就要结合被分离对象的特征,从技术和经济两方面加以考虑。假设被分离对象是来自于石灰窑尾气中的 CO_2,那么,对象的特征是:气源压力为常压,组成为 CO_2 20%～35%(体积分数),其余为 N_2、O_2 和少量硫化物。

据此特征,从经济角度分析,可见变压吸附和物理吸收的方法是不可取的,因为这两种方法都必须对气源加压才能保证 CO_2 的回收率,而气体加压所消耗的能量 60%～80%被用于非 CO_2 气体的压缩,这部分能量随着吸收后尾气的排放而损耗,其能量损失是相当可观的。而化学吸收则无此顾忌,由于化学反应的存在,溶液的吸收能力大,平衡分压低,即使在常压下操作,也能维持足够的传质推动力,确保气体的回收。但是,选择哪一种化学吸收剂更合理,需要认真考虑。如果选用有机胺水溶液,从技术上分析,存在潜在的隐患,因为气源中含氧,有机胺长期与氧接触会氧化降解,使吸收剂性能恶化甚至失效,所以也是不可取的。现在唯一可以考虑的就是采用碳酸钾水溶液吸收 CO_2 的方案。虽然这个方案从技术和经济的角度考虑都可以接受,但并不理想。因为碳酸钾溶液存在着吸收速率慢,再生能耗高的问题。这个问题可以通过添加合适的催化剂来解决。因此,实验研究工作应从筛选化学添加剂,改进碳酸钾溶液的吸收和解吸性能入手,开发性能更加优良的复合吸收剂。这样,研究者既确定了合理的技术路线,又找到了实验研究的最佳切入点。

2. 分解与简化相结合的原则

在化工过程开发中所遇到的研究对象和系统往往是十分复杂的,反应因素、设备因素和操作因素交织在一起,给实验结果的正确判断造成困难。对这种错综复杂的过程,要认识其内在的本质和规律,必须采用过程分解与系统简化相结合的实验研究方法,即在化学工程理论的指导下,将研究对象分解为不同层次,然后,在不同层次上对实验系统进行合理的简化,并借助科学的实验手段逐一开展研究。在这种实验研究方法中,过程的分解是否合理,是否真正地揭示了过程的内在关系,是研究工作成败的关键。因此,过程的分解不能仅凭经验和感觉,必须遵循化学工程理论的正确指导。

由化学反应工程的理论可知,任何一个实际的工业反应过程,其影响因素均可分解为两类,即化学因素和工程因素。化学因素体现了反应本身的特性,其影响通过本征动力学规律来表达。工程因素体现了实现反应的环境,即反应器的特性,其影响通过各种传递规律来表达。反应本征动力学的规律与传递规律两者是相互独立的。基于这一认识,在研究一个具体的反应过程时,应对整个过程按照反应因素和工程因素进行不同层次的分解,在每个层次上抓住其关键问题,通过合理简化,开展有效的实验研究。比如,在研究固定床内的气固相反应过程时,对整个过程可进行两个层次的分解,第一层次将过程分解为反应和传递两个部分,第二层次将反应部分进一步分解成本征动力学和宏观动力学,将传递过程进一步分解成传热、传质、流体流动与流体均布等。随着过程的分解，实验工作也被确定为两大类，即热模实验和冷模实验。热模实验用于研究反应的动力学规律，冷模实验用于研究反应器内的传递规律。接下来的工作，就是调动实验设备和实验手段来简化实验对象，达到实验目的。

在研究本征动力学的热模实验中，消除传递过程的影响是简化实验对象的关键。为此，设计了等温积分和微分反应器，采取减小催化剂粒度，消除粒内扩散；提高气体流速，消除粒外扩散与轴向返混；设计合理的反应器直径，辅以精确的控温技术，保证器内温度均匀等措施，使传递过程的干扰不复存在，从而测得准确可靠的动力学模型。

在冷模实验中，实验的目的是考察反应器内的传递规律，以便通过反应器结构设计这个工程手段来满足反应的要求。由于传递规律与反应规律无关，不必采用真实的反应物系和反应条件，因此，可以用廉价的空气、砂石和水来代替真实物系，在比较温和的温度、压力条件下组织实验，使实验得以简化。冷模实验成功的关键是必须确保实验装置与反应器原形的相似性。

过程分解与系统简化相结合是化工过程开发中一种行之有效的实验研究方法。过程的分解源于正确理论的指导，系统简化依靠科学的实验手段。正是因为这种方法的广泛运用，才形成了化学工程与工艺专业实验的现有框架。

3. 工艺与工程相结合的原则

工艺与工程相结合的开发思想极大地推进了现代化工新技术的发展，反应精馏技术、膜反应器技术、超临界技术、三相床技术等，都是将反应器的工程特性与反应过程的工艺特性有机结合在一起而形成的新技术。因此，如同过程分解可以帮助研究者找到行之有效的实验方法一样，通过工艺与工程相结合的综合思维，也会在实验技术路线和方法的选择上得到有益的启发。

以甲缩醛制备工艺过程的开发为例。从工艺角度分析甲醇和甲醛在酸催化下合成甲缩醛的反应，其主要特征是：①主反应为可逆放热反应，并伴有串联副反应。②主产物甲缩醛在系统中相对挥发度最大。特征①表明，为提高反应物甲醛的平衡转化率和产物甲缩醛的收率，抑制串联副反应，工艺上希望及时将反应热和产物甲缩醛从系统中移走。那么，从工程的角度如何来满足工艺的要求呢？如果我们结合对象的工艺特征②和精馏操作的工程特性，从工艺与工程相结合的角度去考虑，就会发现反应精馏是最佳方案。因为它不仅可以利用精馏塔的分离作用不断移走和提纯主产物，提高反应的平衡转化率和产品收率，而且可以利用反应热作为精馏的能源，既降低了精馏的能耗，又带走了反应热，一举两得。同时，精馏还对反应物甲醛具有提浓作用，可降低工艺上对原料甲醛溶液的浓度要求，从而降低原料成本。可见，工艺与工程相结合在技术路线的选择上带来的巨大优越性。

又如乙苯脱氢制苯乙烯过程，工艺研究表明：①由于主反应是一个分子数增加的气-固相催化反应，因此，降低系统的操作压力有利于化学平衡，采取的措施是用水蒸气稀释原料气和负压操作。②由于产物苯乙烯的扩散系数较小，在催化剂内的扩散比原料乙苯和稀释剂水分子困难得多，所以，减小催化剂粒度可有效地降低粒内苯乙烯的浓度，抑制串联副反应，提高选择性，适宜的催化剂粒度为 0.5～1.0 mm。那么，从工程角度分析，应该选用何种反应器来满足工艺要求呢？如果选用轴向固定床反应器，要满足工艺要求②，势必造成很大的床层阻力降，而工艺要求①希望系统在低压或负压下操作，因此，即使不考虑流动阻力造成的动力消耗,严重的床层阻力也会导致转化率下降。显然,轴向固定床反应器是不理想的。那么,如何解决催化剂粒度与床层阻力的矛盾呢?如果从工艺与工程相结合的角度去思考,通过反应器结构设计这个工程手段来解决矛盾,显然,径向床反应器是最佳选择。在这种反应器中,物流沿反应器径向流动通过催化床层,由于床层较薄,即使采用细小的催化剂,也不会导致明显的压力降,使问题迎刃而解。实际上,解决催化剂粒度与床层阻力的矛盾也正是开发径向床这种新型的气固相反应器的动力。此例说明,工艺与工程相结合不仅会产生新的生产工艺,而且会推进新设备的开发。

工艺与工程相结合是制定化工过程开发的实验研究方案的一个重要方法,从工艺与工程相结合的角度思考问题,有助于开拓思路,创造新技术和新方法。

4. 资源利用与环境保护相结合的原则

进入 21 世纪,为使人类社会可持续发展,保护地球的生态平衡,开发资源、节约能源、保护环境将成为国民经济发展的重要课题。尤其对化学工业,如何有效地利用自然资源,避免高污染、高毒性化学品的使用,保护环境,实现清洁生产,是化工新技术、新产品开发中必须认真考虑的问题。

现以近年来颇受化工界关注的有机新产品碳酸二甲酯生产技术的开发为例,说明资源利用与环境保护在过程开发中的导向作用。碳酸二甲酯(Dimethyl Carbonate,简称 DMC)是一种高效低毒、用途广泛的有机合成中间体,分子式为:$CH_3OCOOCH_3$,因其含有甲基、羰基和甲酯基三种功能团,能与醇、酚、胺、酯及氨基醇等多种物质进行甲基化、羰基化和甲酯基化反应,生产苯甲醚、酚醚、氨基甲酸酯、碳酸酯等有机产品,以及高级树脂、医药和农药中间体、食品添加剂、染料等材料化工和精细化工产品,是取代目前使用广泛且剧毒的甲基化剂硫酸二甲酯和羰基化剂光气的理想物质,被称为未来有机合成的"新基石"。

到目前为止,已相继开发了多种 DMC 合成的方法,其中,有代表性的 4 种方法如下。

(1) 光气甲醇法

这是 20 世纪 80 年代工业规模生产 DMC 的主要方法,其反应原理是:

首先由光气和甲醇反应,生成氯甲酸甲酯:

$$ClCOCl + CH_3OH \longrightarrow ClCOOCH_3 + HCl$$

然后,氯甲酸甲酯与甲醇反应,得到 DMC:

$$ClCOOCH_3 + CH_3OH \longrightarrow CH_3OCOOCH_3 + HCl$$

(2) 醇钠法

该法以甲醇钠为主要原料,将其与光气或 CO_2 反应生产 DMC,反应原理如下。

与光气反应时,其反应式为

$$ClCOCl + 2CH_3ONa \longrightarrow CH_3OCOOCH_3 + 2NaCl$$

与 CO_2 反应时,其反应式为

$$CO_2 + CH_3ONa \xrightarrow{100℃,\ 1\ h} NaOCOOCH_3$$

$$NaOCOOCH_3 + CH_3Cl \xrightarrow{CHOH,\ 150℃,\ 2\ h} CH_3OCOOCH_3 + NaCl$$

（3）酯交换法

该法是将碳酸丙烯酯（PC）或碳酸乙烯酯（EC）在碱催化作用下，与甲醇进行酯交换反应合成 DMC，并副产丙二醇或乙二醇。其反应原理如下。

以 PC 和甲醇为原料时，反应式为

$$\begin{array}{c} H_3C-HC-O \\ | \qquad \\ H_2C-O \end{array}\!\!\!\!CO + CH_3OH \longrightarrow CH_3OCOOCH_3 + CH_2OHCHOHCH_3$$

以 EC 和甲醇为原料时，反应式为

$$\begin{array}{c} H_2C-O \\ | \qquad \\ H_2C-O \end{array}\!\!\!\!CO + 2CH_3OH \longrightarrow CH_3OCOOCH_3 + CH_2OHCH_2OH$$

（4）甲醇氧化羰基化法

该法是以甲醇、CO 和氧气为原料，在钯系、硒系、铜系催化剂的作用下，直接合成 DMC。
反应式为

$$2CH_3OH + CO + \frac{1}{2}O_2 \xrightarrow{\text{cat.}} CH_3OCOOCH_3 + H_2O$$

比较上述 4 种方法可见，光气甲醇法虽能得到 DMC 产品，但有两个致命的缺点，一是使用了威胁环境和健康的剧毒原料——光气，二是产生了对设备腐蚀严重的盐酸，应设法淘汰。醇钠法虽解决了盐酸的腐蚀问题，但仍未摆脱光气或氯甲烷对环境的污染，因此也不可取。显然，要解决污染问题，必须从源头着手，开发新的原料路线，酯交换法和甲醇氧化羰基化法应运而生。

酯交换法所用的原料 PC 或 EC 可由大宗石油化工产品环氧丙烷和环氧乙烷与 CO_2 反应制得，这不仅为 DMC 的生产找到一条丰富的原料来源，而且为大宗石化产品的深加工找到一条新的出路。该法反应过程简单易行，对环境无污染，副产物也是有价值的化工产品。其技术关键在产品的分离与精制。虽然该法已工业化，但仍有许多制约经济效益的技术问题值得深入研究。

甲醇氧化羰基化法开发了更加价廉易得的原料路线——C_1 化工产品，因为甲醇和 CO 可由天然气、煤和石油等多种自然资源转化合成，使 DMC 的原料路线大大拓展，尤其在我国天然气资源丰富，可显著降低 DMC 生产的原料成本。因此，该法是一种很有发展前途的生产方法，也是目前 DMC 生产技术的研究热点，其技术关键之一是催化剂的选择。

由于酯交换法和甲醇氧化羰基化法开辟了新的有吸引力的原料路线，同时解决了污染问题，所以引起了各国研究者的普遍关注，形成目前 DMC 生产技术的研究热点。世界各大化学公司均涉足其间，可见资源利用与环境保护意识对技术进步的强大推进作用。

1.2 实验内容确定

实验的技术路线与方法确定以后，接下来要考虑实验研究的具体内容。实验内容的确定不能盲目地追求面面俱到,应抓住课题的主要矛盾,有的放矢地开展实验。比如,同样是研究固定床反应器中的流体力学,对轴向床研究的重点是流体返混和阻力问题,而径向床研究的重点则是流体的均布问题。因此,在确定实验内容前,要对研究对象进行认真的分析,以便抓住其要害。实验内容的确定主要包括如下三个环节。

1. 实验指标的确定

实验指标是指为达到实验目的而必须通过实验来获取的一些表征实验研究对象特性的参数。如动力学研究中测定的反应速率,工艺实验测取的转化率、收率等。

实验指标的确定必须紧紧围绕实验目的。实验目的不同,研究的着眼点就不同,实验指标也就不一样。比如,同样是研究气液反应,实验目的可能有两种,一种是利用气液反应强化气体吸收;另一种是利用气液反应生产化工产品。前者的着眼点是分离气体,实验指标应确定为:气体的平衡分压(表征气体净化度)、气体的溶解度(表征溶液的吸收能力)、传质速率(表征吸收和解吸速率)。后者的着眼点是生产产品,实验指标应确定为:液相反应物的转化率(表征反应速度)、产品收率(表征原料的有效利用率)、产品纯度(表征产品质量)。

2. 实验变量的确定

实验变量是指那些可能对实验指标产生影响,必须在实验中直接考察和测定的工艺参数或操作条件,常称为自变量,如温度、压力、流量、原料组成、催化剂粒度、搅拌强度等。

确定实验因子必须注意两个问题,第一,实验因子必须具有可检测性,即可采用现有的分析方法或检测仪器直接测得,并具有足够的准确度。第二,实验因子与实验指标应具有明确的相关性。在相关性不明的情况下,应通过简单的预实验加以判断。

3. 变量水平的确定

变量水平是指各实验变量在实验中所取的具体状态,一个状态代表一个水平。如温度分别取 $100\,^{\circ}\mathrm{C}$,$200\,^{\circ}\mathrm{C}$,便称温度有二水平。

选取变量水平时,应注意变量水平变化的可行域。所谓可行域,就是指变量水平的变化在工艺、工程及实验技术上所受到的限制。如在气-固相反应本征动力学的测定实验中,为消除内扩散阻力,催化剂粒度的选择有个上限。为消除外扩散阻力,操作气速的变化有个下限。温度水平的变化则应限制在催化剂的活性温度范围内,以确保实验在催化剂活性相对稳定期内进行。又如在产品制备的工艺实验中,原料浓度水平的确定应考虑原料的来源及生产前后工序的限制。操作压力的水平则受到工艺要求、生产安全、设备材质强度的限制,从系统优化的角度考虑,压力水平还应尽可能与前后工序的压力保持一致,以减少不必要的能耗。因此,在专业实验中,确定各变量的水平前,应充分考虑实验项目的工业背景及实验本身的技术要求,合理地确定其可行域。

1.3　实验设计

根据已确定的实验内容,拟定一个具体的实验安排表,以指导实验的进程,这项工作称为实验设计。化学工程与工艺专业实验通常涉及多变量、多水平的实验设计,由于不同变量不同水平所构成的实验点在操作可行域中的位置不同,对实验结果的影响程度也不一样。因此,如何安排和组织实验,用最少的实验获取最有价值的实验结果,成为实验设计的核心内容。

伴随着科学研究和实验技术的发展,实验设计方法的研究也经历了由经验向科学的发展过程。其中有代表性的是析因设计法、正交设计法和序贯实验设计法,现简介如下。

1. 析因设计法

析因设计法又称网格法,该法的特点是以各因子、各水平的全面搭配来组织实验,逐一考查各因子的影响规律。通常采用的实验方法是单变量变更法,即每次实验只改变一个变量的水平,其他变量保持不变,以考查该变量的影响。如在产品制备的工艺实验中,常采取固定原料浓度、配比、搅拌强度或进料速度,考查温度的影响。或固定温度等其他条件,考查浓度影响的实验方法。据此,要完成所有变量的考查,实验次数 n,因子数 N 和变量水平数 K 之间的关系为:$n = K^N$。一个 4 变量 3 水平的实验,实验次数为 $3^4 = 81$。可见,对多变量多水平的系统,该法的实验工作量非常之大,在对多变量多水平的系统进行工艺条件寻优或动力学测试的实验中应谨慎使用。

2. 正交设计法

正交设计法是为了避免网格法在实验点设计上的盲目性而提出一种比较科学的实验设计方法。它根据正交配置的原则,从各变量各水平的可行域空间中选择最有代表性的搭配来组织实验,综合考查各变量的影响。

正交实验设计所采取的方法是制定一系列规格化的实验安排表供实验者选用,这种表称为正交表。正交表的表示方法为:$L_n(K^N)$,符号意义为

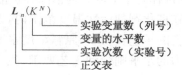

$L_n(K^N)$
—— 实验变量数(列号)
—— 变量的水平数
—— 实验次数(实验号)
—— 正交表

如 $L_8(2^7)$ 表示此表最多可容纳 7 个变量,每个变量有 2 个水平,实验次数为 8。表的形式如表 1-1 所示,表中,列号代表不同的变量,实验号代表第几次实验,列号下面的数字代表该变量的不同水平。由此表可见,用正交表安排实验具有以下两个特点。

(1)每个变量的各个水平在表中出现的次数相等。即每个变量在其各个水平上都具有相同次数的重复实验。如表 1-1 中,每列对应的水平"1"与水平"2"均出现 4 次。

(2)每两个变量之间,不同水平的搭配次数相等。即任意两个变量间的水平搭配是均

衡的。如表 1-1 中第 1 列和第 2 列的水平搭配为(1，1)、(1，2)、(2，2)、(2，2)各两次。

表 1-1　正交表 $L_8(2^7)$

列号 实验号	1	2	3	4	5	6	7
1	1	1	1	1	1	1	1
2	2	1	1	1	2	2	2
3	2	1	2	2	1	1	2
4	1	1	2	2	2	2	1
5	2	2	1	2	1	2	1
6	1	2	1	2	2	1	2
7	1	2	2	1	1	2	2
8	2	2	2	1	2	1	1

由于正交表的设计有严格的数学理论为依据，从统计学的角度充分考虑了实验点的代表性，因子水平搭配的均衡性，以及实验结果的精度等问题。所以，用正交表安排实验具有实验次数少、数据准确、结果可信度高等优点，在多变量多水平工艺实验的操作条件寻优，反应动力学方程的研究中经常采用。

在实验指标，实验变量和变量水平确定后，正交实验设计依如下步骤进行。

（1）列出实验条件表，即以表格的形式列出影响实验指标的主要变量及其对应的水平。

（2）选用正交表：变量水平一定时，选用正交表应从实验的精度要求、实验工作量及实验数据处理三方面加以考虑。

一般的选表原则是：

$$正交表的自由度 \geqslant [各变量自由度之和 + 变量交互作用自由度之和]$$

其中，正交表的自由度＝实验次数－1；

　　变量自由度＝变量水平数－1；

　　交互作用自由度＝A 变量自由度×B 变量自由度。

（3）表头设计，将各变量正确地安排到正交表的相应列中。安排变量的秩序是：先排定有交互作用的单变量列，再排两者的交互作用列，最后排独立变量列。交互作用列的位置可根据两个作用因子本身所在的列数，由同水平的交互作用表查得，交互作用所占的列数等于单因子水平数减 1。

（4）制定实验安排表。根据正交表的安排将各变量的相应水平填入表中，形成一个具体的实施计划表。交互作用列和空白列不列入实验安排表，仅供数据处理和结果分析用。

3. 序贯实验设计法

序贯实验设计法是一种更加科学的实验方法。它将最优化的设计思想融入实验设计之中，采取边设计、边实施、边总结、边调整的循环运作模式。根据前期实验提供的信息，通过数据处理和寻优，搜索出最灵敏、最可靠、最有价值的实验点作为后续实验的内容，周而复始，直至得到最理想的结果。这种方法既考虑了实验点变量水平组合的代表性，又考虑了实验点的最佳位置，使实验始终在效率最高的状态下运行，实验结果的精度提高，使研究周期缩短。在化工过程开发的实验研究中，序贯实验设计法尤其适用于模型鉴别与参数估计类实验。

1.4　思考题

1. 化工实验的技术路线如何确定？
2. 实验设计方法有哪些？各有何优缺点？

第2章 化工实验方案组织与实施

化工实验方案的组织与实施是整个实验过程的核心部分,主要包括:实验设备的设计与选用;实验流程的组织与实施;实验装置的安装与调试;实验数据的采集与测定。实施工作通常分三步进行,首先根据实验的内容和要求,设计、选用和制作实验所需的主体设备及辅助设备。然后,围绕主体设备构想和组织实验流程,解决原料的配置、净化、计量和输送问题,以及产物的采样、收集、分析和后处理问题。最后,根据实验流程,进行设备、仪表、管线的安装和调试,完成全流程的贯通,进入正式实验阶段。

2.1 实验设备设计和选择

化工实验设备的合理设计和正确选用是实验工作得以顺利实施的关键。化学工程与工艺专业实验所涉及的实验设备主要分为两大类,一是主体设备,二是辅助设备。主体设备是实验工作的重要载体,辅助设备则是主体设备正常运行及实验流程畅通的保障。

1. 实验主体设备

化工专业实验的主体设备主要分为反应设备、分离设备、物性测试设备等几大类。多年来,随着化工实验技术的不断积累与完善,已形成了多种结构合理、性能可靠、各具特色的专用实验设备,可供实验者参考与选用。现将不同实验系统所用主要反应、分离设备归纳如下。

(1) 气-固系统:直管式等温积分或微分反应器,回转筐式内循环无梯度反应器,涡轮式内循环无梯度反应器,流化床反应器,吸附分离装置,单板式气体膜分离器等。

(2) 气(汽)-液系统:双磁力驱动搅拌反应器,湿壁塔,串盘塔或传球塔,鼓泡反应器,Oldershaw 板式精馏塔,各种填料精馏塔等。

(3) 液-液系统:各种搅拌釜,高压釜,混合澄清槽,转盘萃取塔,中空管式膜分离器等。

(4) 气-液-固三相系统:机械搅拌釜,涡轮转框反应器,外循环微分湍流床反应器等。

实验的主体设备设计与选择应从实验项目的技术要求,实验对象的特征,以及实验本身的特点三方面加以考虑,力求做到结构简单多用,拆装灵活方便,易于观察测控,便于操作调节,数据准确可靠。

根据研究对象的特征合理地设计和选择实验设备,使实验设备在结构和功能上满足实验的技术要求,是实验设备设计和选配中首先应该遵循的原则。

比如在气液反应传质系数的测定实验中，当系统的特征为气膜控制时，为考查气膜传质系数与气速的关系，要求实验设备中气速可大幅度调节。这时选用湿壁塔比较合适。因为该塔可在较大的气液比(G/L)下操作，气速的调节余地较大，有利于气膜传质系数的测定。同理，当系统为液膜控制时，宜选用串球塔。因为该塔液体流量的调节余地大，且塔构件可促成液体的湍动，有利于液膜传质系数的测定。当系统为双膜控制或控制步骤不明时，可选用双磁力驱动搅拌反应器。在此设备中，两相的运动状态可通过各相搅拌桨的转速来分别调节，不受流量限制，可分别测定两相的传质系数。

又如在测定气-固相催化反应动力学数据的实验中，如果实验的目的是要获取反应的本征动力学方程，过程的特征是反应必须在不受传递过程影响的条件下进行。这时，选用等温直流式积分反应器比较合理。因为在这种反应器中，可以选用细小粒度的催化剂来消除内扩散；采用较大的气体流速来克服外扩散；采用惰性物料稀释催化剂和精密的控温措施来消除轴、径向温度梯度；通过反应器尺寸的合理设计（即保证反应管的内径 D 与催化剂粒径 d_p 之比 D/d_p 为 8～10，催化剂床层高度 L 与催化剂粒径 d_p 之比 $L/d_p > 100$）来消除壁流、返混等非理想流动，以满足平推流的理想流况，使器内的反应过程完全处于本征动力学控制。而内循环无梯度反应器由于涡轮或转筐所产生的压头较小，不易克服细小颗粒催化剂床层的阻力，使器内气体的实际循环量降低，无法满足无梯度的要求，因而不适宜本征动力学的测定实验。

如果实验的目的是测定工业颗粒催化剂包括内扩散影响在内的宏观动力学，这时，由于催化剂粒度较大，在实验室所用的小型直流等温积分反应器中，很难达到平推流的理想流况，不宜选用。而内循环无梯度反应器中，由于气体被强制循环，处于全混状态，可有效地消除气相主体与催化剂外表面间的浓度差和温度差，而且由实验数据可直接获得瞬间反应速率，数据处理简单，是测定工业催化剂宏观反应速率的理想装置。当然，在内循环无梯度反应器的设计时，为保证反应器内处于全混流的理想流况，消除催化床层内轴、径向的温度梯度和浓度梯度，应通过预实验，确定反应器内转动部件的转速和配套的电机功率，以确保催化剂与流体间有足够大的相对线速度。

对考查设备性能的冷模实验，由于实验目的是有针对性地研究各类工业反应器内传递过程的规律，实验设备的结构设计应尽可能与工业反应器相似，以获取对设备放大有价值的实验数据。

如果实验的性质属于探索性的，实验者对所研究的对象知之甚少，希望通过实验来初步了解对象时，设备的设计应以测定快速简便，结果灵敏可信为原则，而不必苛求数据的精确度。比如在化学吸收剂的筛选实验中，实验的目的只是对各种待选的吸收剂或配方进行初步的筛选。这时，不必准确地测定吸收剂的相平衡关系和传质速率，只需在相同的条件下，对不同吸收剂的吸收速率、解吸速率和吸收能力进行对比实验即可。为此，可设计一套采用如图 2-1 所示的简易实验装置，快速有效地进行对比实验。图 2-1 中，吸收速率的测定装置是个简易的间歇吸收器，操作时，将玻璃烧瓶内充满原料气后，加入定量的吸收液，恒定液相磁力搅拌速度，在密闭的条件下吸收，由压差计观察并记录器内压力随时间的变化，比较曲线 $\ln(p_{A_0}/p_A) - t$ 的斜率便知吸收速率的大小。图 2-3 所示的解吸装置，其实验方法是在相同的解吸温度下，对定量的饱和吸收液进行加热再生，用量气管收集解吸出来的气体量，记录解吸气量 V_t 随时间的变化，比较曲线 $\ln[(V_\infty - V_t)/V_\infty] - t$ 的斜率便知解吸速率的大小。

图 2-2 所示的饱和吸收器是在常压下,用不同的吸收剂对纯气体进行吸收直至饱和,分析气体在溶液中的溶解度,便可比较吸收能力。用这套简易的装置,吸收和解吸速率的测定每次实验 10～20 min 即可完成,快速简便有效。

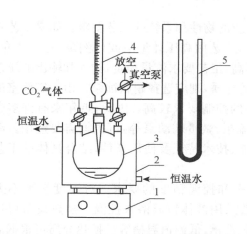

图 2-1　测定吸收速率的间歇吸收器

1—磁力搅拌器；2—恒温水槽；
3—反应器；4—量液管；5—压差计

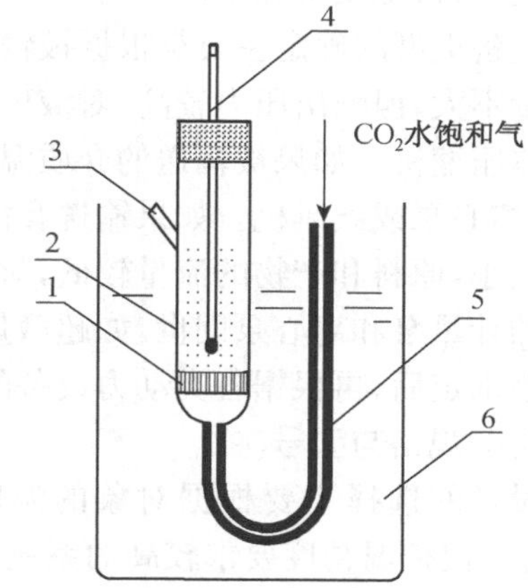

图 2-2　饱和吸收器

1—多孔板；2—鼓泡吸收器；3—取样口；
4—温度计；5—玻璃毛细管；6—恒温槽

除了满足实验项目的技术要求外,实验设备的设计和选择还应充分考虑实验工作本身灵活多变的特点。在设备的结构设计上,力求做到拆装方便、尺寸可调、一体多用。在材质选择上,力求做到使用安全、便于观察、易于加工。在调控手段上,力求便于操作和自动控制。如设计实验室常用的精馏塔时,在材质选择上,只要操作压力允许,优先选择玻璃,因为玻璃既便于观察实验现象又便于加工成型。在结构设计上,通常采用可拆卸的分段组装式设计,将精馏塔分为塔釜、塔身、塔头、加料装置等若干部分。其中,塔身又分为若干段,以便根据需要调整其长短,塔头、塔釜和加料装置则根据需要设计成各种形式（见第 3 章）。各部分之间用标准磨口连接,只要保持磨口尺寸一致,即可灵活搭配,使精馏塔可以一塔多用。在回流比的调控手段上,采用可自动控制的电磁摆针式控制方法,通过控制导流摆针在出料口和塔中心停留时间的比值来控制回流比。

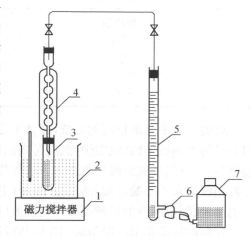

图 2-3　测定解吸速率的解吸装置

1—磁力搅拌器；2—恒温油浴槽；
3—反应器；4—冷凝管；5—量气管；
6—橡皮管；7—水准瓶

2. 辅助设备的选用

专业实验所用的辅助设备主要包括动力设备和换热设备。动力设备主要用于物流的输送和系统压力的调控,如离心泵、计量泵、真空泵、气体压缩机、鼓风机等。换热设备主要用于温度的调控和物料的干燥,如管式电阻炉、超级恒温槽、电热烘箱、马弗炉等。辅助设备通常为定型产品,可根据主体设备的操作控制要求及实验物系的特性来选择。选择时,一般是先定设备类型,再定设备规格。

动力设备类型的确定主要是根据被输送介质的物性和系统的工艺要求。如果工艺要求的输送流量不大,但输出压力较高,对液体介质,应选用高压计量泵或比例泵;对气体介质,应选用气体压缩机。如果被输送的介质温度不高,工艺要求流量稳定,输入和输出的压差较小,可选用离心泵或鼓风机。如果输送腐蚀性的介质,则应选择耐腐蚀泵。由于实验室的装置一般比较小,原料和产物的流量较低,对流量的控制要求较高。因此,近年来有许多微型或超微型的计量泵和离心泵问世,如超微量平流泵、微量蠕动泵等,可根据需要选用。动力设备的类型确定后,再根据各类动力设备的性能、技术特征及使用条件,结合具体的工艺要求确定设备的规格与型号。

换热设备的选择主要根据对象的温度水平和控温精度的要求。对温度水平不太高($T<250℃$),但控温精度要求较高的系统,一般采用液体恒温浴来控温。换热设备可选用具有调温和控温双重功能的定型产品,如超级恒温槽、低温恒温槽等。换热介质可根据温度水平来选用。常用的换热介质及其使用温度列于表 2-1。

表 2-1　常用的换热介质及其使用温度

介　质	适用温度/℃
导热油	100～300
甘油	80～180
水	5～80
20%盐水	−5～−3
乙醇	−25～−10

对温度水平要求较高的系统,通常采用直接电加热的方式换热,常用的定型设备有:不同型号的电热锅,管式电阻炉(温度可高达 950℃)等。实验室中,也常采取在设备上直接缠绕电热丝、电热带或涂敷导电膜的方法加热或保温。直接电加热系统的温度控制,是通过温度控制仪表来实现的,控制的精度取决于控制仪表的工作方式(位式、PID 式、AI 式)、控制点的位置、测温元件的灵敏度和控制仪表的精密度。

控温的精度要求一般是根据实验指标的精度要求提出的。如在反应速率常数的测定实验中,如果反应的活化能在 90 kJ/mol 左右,测试温度 400℃左右,要保持速率常数的相对误差小于 2%,则催化床内温度变化必须控制在 ±0.5℃ 以内。

2.2　实验流程组织实施

化工实验流程是由实验的主体设备、辅助设备、分析检测设备、控制仪表、管线和阀门等构成的一个整体。实验流程的组织,包括原料供给系统的配置、产品收集和采样分析方法的选择、物流路线的设计、仪器仪表的选配。

1. 原料供给系统的配置

原料供给系统的配置包括原料制备、净化、计量和输送方法的确定，以及原料加料方式的选择。分述如下。

（1）原料的制备

在实验室中，液体原料一般直接选用化学试剂配制。气体原料有两种来源，一是直接选用气体钢瓶，如 CO、CO_2、H_2、N_2、SO_2 等，二是用化学药品制备气体，如用硫酸和硫化钠制备 H_2S 气体，用甲酸在硫酸中热分解制备 CO 等。气体混合物的制备是将各种气体分别计量后混合而成。为减小原料配比变化对系统的影响，如能精确控制和计量各种气体的流量，则应将气体分别输送，仅在反应器入口处才相互混合。若不能精确控制流量，则应预先将气体配制成所需的组成，储存于原料罐备用。气体与溶剂蒸气的混合物的制备可采用两种方法，一是将定量的溶剂注入汽化器中完全汽化后，再与气体混合。二是让气体通过特制的溶剂饱和器，被溶剂蒸气饱和。混合气体中蒸气的含量，可通过饱和器的温度来调节。

（2）原料的净化

气体净化通常采用吸附和吸收的方法。如用活性炭脱硫、用硅胶或分子筛脱水、用酸碱液脱除碱雾或酸雾等。有时也利用反应来除杂，如用铜屑脱氧。当找不到合适的净化剂时，可直接选用反应的催化剂来净化原料气，即在反应器前预置一段催化剂，使之在活性温度以下操作，对毒物产生吸附作用而无催化活性。

液体净化通常采用精馏、吸附、沉淀的方法，如用活性炭脱色，用重蒸法提纯溶剂，用硫化物沉淀法脱重金属离子等。

（3）原料的计量

计量是原料组成配制和流量调控的重要手段。准确的计量必须在流量稳定的状况下进行，因此，计量是由稳压稳流装置和计量仪表两部分构成。实验室中，气体稳压常用水位稳压管或稳压器，前者用于常压系统，后者用于加压或高压系统。液体稳压常用高位槽。气体流量的计量可根据不同情况选用转子流量计、质量流量计、毛细管流量计、皂膜流量计或湿式流量计。液体计量一般选用转子流量计、计量泵。

（4）加料方式

原料加料方式可分为连续式、半连续式和间歇式，加料方式的选择一般是从实验项目的技术要求、实验设备的特点、实验操作的稳定性和灵活性等方面加以考虑。比如，测定反应动力学时，无论是管式等温反应器还是无梯度反应器都必须在连续状态下操作。而用双磁力驱动搅拌反应器测定气液传质系数时，由于设备的特点是传质界面小，液相容积大，故用于化学吸收时，液相组成随时间变化不大，可采用气相连续，液相间歇的半连续加料方式。用于溶解度较小的物理吸收时，溶液组成容易接近平衡，气、液相均应连续操作。

在反应器的操作中，加料方式常用来满足两方面的要求，其一，反应选择性的要求，即通过加料方式调节反应器内反应物的浓度，抑制副反应；其二，操作控制的要求，即通过加料量来控制反应速度，以缓解操作控制上的困难。如对强放热的快反应，为了抑制放热强度，使温度得以控制，常采用分批加料的方法控制反应速度。

2. 产品的收集与分析

（1）产物的收集

产物的正确收集与处理不仅是为了分析的需要，也是实验室安全与环保的要求。在实验室中，气体产品的收集和处理一般采用冷凝、吸收或直接排放的方法。对常温下可以液化的气体采用冷凝法收集，如由 CO、CO_2 和 H_2 合成的甲醇，乙苯脱氢制取的苯乙烯，以及各种精馏产品。对不凝性气体则采用吸收或吸附的方法收集，如用水吸收 HCl、NH_3、EO 等气体，用碱液吸收或 $NaOH$ 固体吸附的方法固定 CO_2、H_2S、SO_2 等酸性气体等。对固体产品一般通过固液分离、干燥等方法收集，实验室常用的固液分离方法，一是过滤，即用布式漏斗或玻璃砂芯漏斗真空抽滤或用小型板框压滤机，玻璃砂芯漏斗有多种型号可供选用。二是高速离心沉降。具体选用哪种方法应根据情况，若溶剂极易挥发，晶体又比较细小，应采用压滤。若晶体极细且易黏结，过滤十分困难，可采用高速离心沉降。

（2）产品的采样分析

产品的采样分析应注意三个问题，一是采样点的代表性，二是采样方法的准确性，三是采样对系统的干扰性。

对连续操作的系统应正确选择采样位置，使之具有代表性。对间歇操作的系统应合理分配采样时间，在反应结果变化大的区域，采样应密集一些，在反应平缓区可稀疏一些。

在实验中，对采样方法应予以足够的重视。尤其对气体和易挥发的液体产品，采样时应设法防止其逃逸。对气体样品通常采用吸收或吸附的方法进行固定，然后进行化学分析。色谱分析时，一般直接在线采样或橡皮球采样。对固体样品应预先干燥并充分混合均匀后再采样。

由于实验装置通常较小，可容纳的物料十分有限，所以分析用的采样量对系统的干扰不可忽视。尤其对间歇操作的系统，采样不当，不仅会影响系统的稳定，有时还会导致实验的失败。比如，在密闭系统进行汽液平衡数据的测定时，气相采样不当，会对器内压力产生明显的干扰，破坏系统的平衡。

3. 实验流程的安装与调试

实验流程的正确安装与调试是确保实验数据的准确性、实验操作的安全性和实验布局的合理性的重要环节。流程的安装与调试涉及设备、管道、阀门和仪器仪表等几方面。在化工专业实验中，由于化工专业实验所涉及的研究对象的性质十分复杂（易燃、易爆、腐蚀、有毒、易挥发等）。实验的内容范围（涉及反应、分离、工艺、设备性能、热力学参数的测定）较广。实验的操作条件（高温、高压、真空、低温等）也各不一样。因此，实验流程的布局，设备仪表的安装与调试，应根据实验过程的特点、实验设备的多寡以及实验场地的大小来合理安排。在满足实验要求的前提下，力争做到布局合理美观、操作安全方便、检修拆卸自如。

流程的安装与调试大致分为四步：①搭建设备安装架。安装架一般由设备支架和仪表屏组成。②在安装架上依流程顺序布置和安装主要设备及仪器仪表。③围绕主要设备，依运行要求布置动力设备和管道。④依实验要求调试仪表及设备，标定有关设备及操作参数。

1）实验设备的布置与安装

（1）静止设备

静止设备原则上依流程的顺序，按工艺要求的相对位置和高度，并考虑安全、检修和安装的方便,依次固定在安装架上。设备的平面布置应前后呼应,连续贯通。立面布置应错落有致,紧凑美观。设备之间应保持一定距离,以便设备的安装与检修,并尽可能利用设备的位差或压差促成流体的流动。

设备安装架应尽可能靠墙安放,并靠近电源和水源。设备的安装应先主后辅,主体设备定位后,再安装辅助设备。安装时,应注意设备管口的方位以及设备的垂直度和水平度。管口方位应根据管道的排列、设备的相对位置及操作的方便程度来灵活安排,取样口的位置要便于观察和取样。对塔设备的安装应特别注意塔体的垂直,因为塔体的倾斜将导致塔内流体的偏流和壁流,使填料润湿不均,塔效率下降。水平安装的冷凝器应向出口方向适当倾斜,以保证凝液的排放。设备内填充物(如催化剂、填料等)的装填应小心仔细,填充物应分批加入,边加边振动,防止架桥现象。装填完毕,应在填料段上方采取压固措施,即用较大填料或不锈钢丝网等将填充物压紧,以防操作时流体冲翻或带走填充物。

(2) 动力设备

由于动力设备(如空压机、真空泵、离心机等)运转时伴有振动和噪声,安装时应尽可能靠近地面并采取适当的隔离措施。离心泵的进口管线不宜过长过细,不宜安装阀门,以减小进口阻力。安装真空泵时,应在进口管线上设置干燥器、缓冲瓶和放空阀。若系统中含有烃类溶剂或操作温度较高时,还应在泵前加设冷阱,用水、干冰或液氮来冷凝溶剂蒸气,防止其被吸入真空泵,造成泵的损坏。但应注意冷阱温度不得低于溶剂的凝固点。实验室常用的旋片式真空泵的进口管线的安装次序为:设备→冷阱→干燥器→放空阀→缓冲瓶→真空泵。放空阀的作用是停泵前让缓冲瓶通大气,防止真空泵中的机油倒灌。

2) 测量元件的安装

正确使用测量仪表或在线分析仪器的关键是测量点、采样点的合理选择及测量元件的正确安装。因为测量点或采样点所采集的数据是否具有代表性和真实性,是否对操作条件的变化足够灵敏,将直接影响实验结果的准确性和可靠性。

实验室常用的测温手段有两种:①用玻璃温度计直接测量;②用配有指示仪表的热电偶、铂电阻测温。为使用安全,一般温度计和热电偶不是直接与物料接触,而是插在装有导热介质的套管中间接测温。测温点的位置及测温元件的安装方法,应根据测量对象的具体情况来合理选择。如在直流式等温积分反应器中进行气固相反应动力学的测试时,反应温度的测量和控制十分重要。测取反应器温度的方法有三种:①在厚壁电加热套管与反应管之间采温,以夹层温度代替反应温度;②将热电偶插在反应器中心套管内,拉动热电偶测取不同位置的床层温度;③将热电偶直接插在催化床层内测温。三种方法各有利弊,应根据反应热的强弱,反应管尺寸的大小灵活选择。一般对管径较小的微型反应器,不宜采用方法②,因为热电偶套管占用的管截面比例较大,容易造成壁效应,影响器内流型。

压力测量点的选择要充分考虑系统流动阻力的影响,测压点应尽可能靠近希望控制压力的地方。如真空精馏中,为防止釜温过高引起物料的分解,采用减压的方法来降低物料的沸点。这时,釜温与塔内的真空度相对应,操作压力的控制至关重要。测压点设在塔釜的气相空间是最安全、最直接的。若设在塔顶冷凝器上,则所测真空度不能直接反映塔釜状况,还必须加上塔内的流动阻力。如果流动阻力很大,则尽管塔顶的真空度高,釜压仍有可能超标,因此是不安全的。通常的做法是用 U 形管压差计同时测定塔釜的真空度和塔内压力降。

流量计的安装要注意流量计的水平度或垂直度,以及进出流体的流向。

3) 实验流程的调试

实验装置安装完毕后,要进行设备、仪表及流程的调试工作。调试工作主要包括:系统气密性试验;仪器仪表的校正;流程试运行。

(1) 系统气密性试验

系统气密性试验包括试漏、查漏和堵漏三项工作。对压力要求不太高的系统,一般采用负压法或正压法进行试漏,即对设备和管路充压或减压后,关闭进出口阀门,观察压力的变化。若发现压力持续降低或升高,说明系统漏气。查漏工作应首先从阀门、管件和设备的连接部位入手,采取分段检查的方式确定漏点。其次,再考虑设备材质中的砂眼的问题。堵漏一般采用更换密封件,紧固阀门或连接部件的方法。对真空系统的堵漏,实验室常采用真空封泥或各种型号的真空脂。

对高压系统($p \geqslant 10$ MPa),应进行水压试验,以考核设备强度。水压试验一般要求水温大于 5℃,试验压力大于 1.25 倍设计压力。试验时逐级升压,每个压力级别恒压半小时以上,以便查漏。

(2) 仪器仪表的校正

由于待测物料的性质不同,仪器仪表的安装方式不同,以及仪表本身的精度等级和新旧程度不一,都会给仪器仪表的测量带来系统误差,因此,仪器仪表在使用前必须进行标定和校正,以确保测量的准确性。

(3) 流程试运行

流程试运行的目的是为了检验流程是否贯通,所有管件阀门是否灵活好用,仪器仪表是否工作正常,指示值是否灵敏、稳定,开停车是否方便,有无异常现象。试车前,应仔细检查管道是否连接到位,阀门开闭状态是否合乎运行要求,仪器仪表是否经过标定和校正。试运行一般采取先分段试车,后全程贯通的方法进行。

4) 设备及操作参数的标定

实验设备安装到位,流程贯通后,接下来一项必不可少的工作就是设备及操作参数的标定。标定的目的是为了防止和消除设备的使用及操作运行中可能引入的各种系统误差,对确保实验数据的准确性至关重要,应予以充分地重视。

(1) 设备参数的标定

在化工专业实验中,由于实验所研究的对象和系统十分复杂,为了达到实验的主要目的,必须对系统做适当的简化,因而提出一些假设条件。而这些假设条件往往要通过固定实验设备的某些参数来实现。因此,实验前,必须对这些参数进行标定,以防止引入系统误差。

例如,在湿壁塔、搅拌槽等设备中进行气液传质系数的测定时,通常假定两相的传质界面为已知值,且界面面积的大小一般是按实验设备中两相界面的几何面积来计算的。由于实际操作中,界面的面积受搅拌、流动等因素的影响会产生波动而偏离几何值。因此,实验前必须对面积进行标定。标定的方法是选择一个传质系数已知的体系(如 $NaOH-CO_2$ 体系),在实验所涉及的操作条件下,测定其总吸收率(吸收量/时间)与传质推动力之间的关系,然后由传质速率方程求出界面面积。若发现实际面积与几何面积不符,可采取两个措施,其一,调整操作条件,如降低搅拌速度或液相流量等,使实际面积趋近于几何值;其二,根据测定值计算出不同操作条件下面积的校正系数,以便对几何面积进行校正。标定气-液传

质面积最常用的是 NaOH-CO₂ 系统,因为吸收为拟一级快反应,液相传质系数为

$$k_L = \sqrt{D_L \cdot k_2 \cdot c_B} \tag{2-1}$$

总吸收速率为

$$R_A = N \cdot A = \frac{p_g \cdot A}{\dfrac{1}{k_g} + \dfrac{1}{H\sqrt{D_L \cdot k_2 \cdot c_B}}} \tag{2-2}$$

若采用纯气体吸收,气相阻力 $1/k_g$ 可略,整理上式可得

$$\frac{p_g}{R_A} = \frac{1}{A \cdot H\sqrt{D_L \cdot k_2 \cdot c_B}} \tag{2-3}$$

式中,R_A 为总吸收率;N 为单位面积的吸收速率;A 为界面面积;k_2 为反应速率常数;c_B 为 NaOH 浓度;p_g 为气体分压;D_L 为液相扩散系数。

当实验的温度、压力一定时,k_2、p_g、D_L 均为常数,标定时,固定 NaOH 浓度,改变搅拌槽的液相搅拌速度或湿壁塔的液体流量,测定 CO₂ 的总吸收速率 R_A,便可由式(2-3)求得两相的界面面积 A。这种方法也可用于气液鼓泡反应器中气液传质面积的测定。

(2)操作参数的标定

专业实验中,为了满足实验的特殊要求,测得准确可信的实验数据,除了要对设备参数进行标定外,往往还要对操作参数的可行域进行界定,这项工作也必须通过预实验来完成。

比如,用直流等温管式反应器测定本征动力学时,要求消除器内催化剂内、外扩散的影响。采取的措施是增大气体流速,减小催化剂粒度。那么,针对一个具体的反应,究竟多大的气速,多小的催化剂粒度才能满足要求呢?这就需要通过预实验来确定。常用的方法如下。

① 测定消除内扩散允许的最大催化剂粒度

首先在动力学测试的温度范围内,选择一个较高的温度,然后,在相同的空速和进口气体组成的条件下,改变催化剂粒度,考查反应器出口的转化率。如图 2-4 所示,随着催化剂粒度的减小,内扩散影响减弱,出口转化率增加,当粒度减至 d_p^0 时,出口转化率不再变化,说明内扩散已基本消除,d_p^0 即为允许的最大催化剂粒度。动力学实验时选用的催化剂粒度应小于 d_p^0。

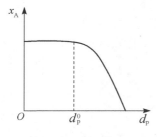

图 2-4 催化剂粒度实验

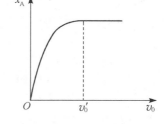

图 2-5 气体流率实验

② 测定消除外扩散必需的最低气体流率在同一反应器内,保持催化剂粒度、空时

（v_0/v_S）、反应温度及进口气体组成不变，改变反应器内催化剂的装填量（v_S），观察出口转化率。由于空速一定，v_S 增加，气体流率 v_0 也相应增大，如图 2-5 所示，若出口转化率随之增大，说明外扩散影响在减弱，当流速增至 v_0' 时，出口转化率不再变化，说明外扩散已基本消除，v_0' 为操作允许的最低气体流率。

实验研究中，为了模拟和实现某种操作状态，往往会采取一些特殊的实验手段，而这些手段也有可能引入系统误差，需要通过标定加以消除。如实验室中小型玻璃精馏塔的回流比常采用电磁摆针式控制方法，即通过控制导流摆针在出料口和回流口停留时间的比例来调节回流比。由于采用时间控制，回流是不连续的，在相同的停留时间内，实际回流量与上升蒸气量、塔头结构、导流摆针的粗细、摆动的距离以及定时器给定的时间间隔之长短等诸多因素有关，所以时间控制器给出的时间比与实际的回流比并不完全一致。为了避免由此产生的系统误差，精馏塔使用前必须对回流比进行标定。标定的方法是，选择一种标准溶液（如酒精、水、苯），固定塔釜加热量，在全回流下操作稳后，切换为全采出，并测定全采出时的馏出速度 u_1（mL/h），然后在不同的回流时间比的条件下，测定部分回流时的馏出速度 u_2（mL/h）。据此，可求得实际回流比为

$$R = \frac{u_1 - u_2}{u_2} \tag{2-4}$$

将实际回流比 R 对回流时间比 R_0 作图，得到校正曲线，以备查用。实际操作时，为避免切换时间间隔太短，摆针来不及达到最佳位置而引入误差，一般以出料时间 3 s 左右为基准，改变回流时间来计算回流比。

2.3　思考题

1. 化工实验的主要主体设备和辅助设备有哪些？如何选择？
2. 化工实验流程的安装与调试应注意哪些问题？

第3章 化工实验数据处理与评价

通过实验测量所得大批数据是实验的主要成果,但在实验中,由于测量仪表、操作方法和人的观察等方面的原因,实验数据总存在一些误差,所以应对实验数据的可靠性进行客观的评定。化工实验研究的目的,是期望通过实验数据获得可靠的、有价值的实验结果。而实验结果是否可靠,是否准确,是否真实地反映了对象的本质,不能只凭经验和主观臆断,必须应用科学的、有理论依据的数学方法加以分析,归纳和评价。因此,掌握和应用误差理论、统计理论和科学的数据处理方法是十分必要的。

3.1 实验数据误差分析

1. 误差的分类与表达

（1）误差的分类

在任何一种测量中,无论所用仪器多么精密,方法多么完善,实验者多么细心,不同时间所测得的结果不一定完全相同,而有一定的误差和偏差,严格来讲,误差是指实验测量值(包括直接和间接测量值)与真值(客观存在的准确值)之差,偏差是指实验测量值与平均值之差,但习惯上通常将两者混淆而不加区别。实验误差根据其性质和来源不同可分为三类:系统误差、随机误差和过失误差。

系统误差是由仪器误差、方法误差和环境误差构成的,即仪器性能欠佳、使用不当、操作不规范,以及环境条件的变化引起的误差。系统误差是实验中潜在的缺陷,若已知其来源,应设法消除。若无法在实验中消除,则应事先测出其数值的大小和规律,以便在数据处理时加以修正。

随机误差是实验中普遍存在的误差,这种误差从统计学的角度看,它具有有界性、对称性和抵偿性,即误差仅在一定范围内波动,不会发散,当实验次数足够大时,正负误差将相互抵消,数据的算术均值将趋于真值。因此,不必去刻意地消除它。

过失误差是由于实验者的主观失误造成的显著误差。这种误差通常造成实验结果的扭曲。在原因清楚的情况下,应及时消除。若原因不明,应根据统计学的 3σ 准则进行判别和取舍(σ 称为标准误差)。所谓 3σ 准则,即如果实验测定量 x_i 与平均值 $\bar{x}$ 的残差 $|x_i - \bar{x}| > 3\sigma$,则该测定值被判为坏值,应予剔除。

（2）误差的表达

真值是指某物理量客观存在的确定值。通常一个物理量的真值是不知道的，是我们努力要求测到的。严格来讲，由于测量仪器、测定方法、环境、人的观察力、测量的程序等，都不可能是完善无缺的，故真值是无法测得的，是一个理想值。但是经过细致地消除系统误差，经过无数次测定，根据随机误差中正负误差出现概率相等的规律，测定结果的平均值可以无限接近真值。在化工专业实验中，常采用三种相对真值，即标准器真值、统计真值和引用真值。

标准器真值，就是用高精度仪表的测量值作为低精度仪表测量值的真值。要求高精度仪表的测量精度必须是低精度仪表的 5 倍以上。

统计真值，就是用多次重复实验测量值的平均值作为真值。重复实验次数越多，统计真值越趋近实际真值，由于趋近速度是先快后慢，故重复实验的次数取 3 ～5 次即可。一般采用算术平均值表示：

$$\bar{x} = \frac{x_1 + x_2 + \cdots + x_n}{n} = \frac{\sum\limits_{i=1}^{n} x_i}{n} \tag{3-1}$$

式中　$x_1, x_2, \cdots, x_n$ ——各次观测值；

　　　n——观察的次数。

引用真值，就是引用文献或手册上那些已被前人的实验证实，并得到公认的数据作为真值。

（3）误差的表示方法

绝对误差与相对误差在数据处理中被用来表示物理量的某次测定值与其真值之间的误差。

绝对误差的表达式为

$$d_i = |x_i - X| \tag{3-2}$$

相对误差的表达式为

$$r_i\% = \frac{|d_i|}{X}\% = \frac{|x_i - X|}{X}\% \tag{3-3}$$

式中　x_i ——第 i 次测定值；

　　　X —— 真值。

算术平均误差和标准误差在数据处理中被用来表示一组测量值的平均误差。

算术平均误差的表达式为

$$\delta = \frac{\sum\limits_{i=1}^{n} |x_i - \bar{x}|}{n} = \frac{\sum\limits_{i=1}^{n} |d_i|}{n} \tag{3-4}$$

$$\bar{x} = \frac{\sum\limits_{i=1}^{n} x_i}{n} \tag{3-5}$$

式中　　n——测量次数；

　　　　x_i——第 i 次测得值；

　　　　$\bar{x}$——n 次测得值的算术均值。

在有限次数的实验中，标准误差 σ（又称均方根误差）的表达式为

$$\sigma = \sqrt{\frac{\sum (x_i - \bar{x})^2}{n-1}} \tag{3-6}$$

算术均差和标准误差是实验研究中常用的精度表示方法。两者相比，标准误差能够更好地反映实验数据的离散程度，因为它对一组数据中的较大误差或较小误差比较敏感，因而在化工专业实验中被广泛采用。

（4）仪器仪表的精度与测量误差

仪器仪表的测量精度常采用仪表的精确度等级来表示，如 0.1 级、0.2 级、0.5 级、1.0级、1.5 级、2.5 级、5.0 级电流表、电压表等。而所谓的仪表等级实际上是仪表测量值的最大相对误差的一种实用表示方法，称之为引用误差。引用误差的定义为

$$引用误差 = \frac{仪表指示值的最大绝对误差}{仪表满量值}$$

若以 $p\%$ 表示某仪表的引用误差，则该仪表的精度等级为 p 级。精度等级 p 的数值越大，说明引用误差越大，测量的精度等级越低。这种关系在选用仪表时应注意。从引用误差的表达式可见，它实际上是仪表测量值为满刻度值时相对误差的特定表示方法。

在仪表的实际使用中，由于被测值的大小不同，在仪表上的示值不一样，这时应如何来估算不同测量值的相对误差呢？

假设仪表的精度等级为 p 级，表明引用误差为 $p\%$，若满量程值为 M，测量点的指示值为 m，则测量值的相对误差 E_r 的计算式为

$$E_r = \frac{M \times p\%}{m} \tag{3-7}$$

可见，仪表测量值的相对误差不仅与仪表的精度等级 p 有关，而且与仪表量程 M 和测量值 m，即比值 M/m 有关。因此，在选用仪表时应注意如下两点。

① 当待测值一定，选用仪表时，不能盲目追求仪表的精度等级，应兼顾精度等级和仪表量程进行合理选择。量程选择的一般原则是，尽可能使测量值落在仪表满刻度值的 2/3 处，即 $M/m = 3/2$ 为宜。

② 选择仪表的一般步骤是：首先根据待测值 m 的大小，依 $M/m = 3/2$ 的原则确定仪表的量程 M，然后，根据实验允许的测量值相对误差 $r\%$，依式（3-7）确定仪表的最低精度等级 p，即：

$$p\% = \frac{m \times r\%}{M} = \frac{2}{3} \times E_r\% \tag{3-8}$$

最后，根据上面确定的 M 和 $p\%$，从可供选择的仪表中，选配精度合适的仪表。

［例 3-1］ 若待测电压为 100 V，要求测量值的相对误差不得大于 2.0%，应选用哪种规格的仪表？

解：依题意已知，$m = 100$，$E_r\% = 2.0\%$，则

仪表的适宜量程为

$$M = \frac{3}{2} \times m = \frac{3}{2} \times 100 = 150$$

仪表的最低精度等级为

$$p\% = \frac{2}{3} \times E_r\% = \frac{2}{3} \times 2.0\% = 1.33\%$$

根据上述计算结果，参照仪表的等级规范可见，选用 1.0 级 0～150 V 的电压表是比较合适的。

2. 误差的传递

前述的误差计算方法主要用于实验直接测定量的误差估计。但是，在化工专业实验中，通常希望考查的并非直接测定量而是间接的响应量。如在反应动力学方程的测定实验中，速度常数 $k = k_0 e^{\frac{E}{RT}}$ 就是温度的间接响应值。由于响应值是直接测定值的函数，因此，直接测定值的误差必然会传递给响应值。那么，如何估计这种误差的传递呢？

（1）误差传递的基本关系式

设某响应值 y 是直接测量值 x_1，x_2，$\cdots$，x_n 的函数，即

$$y = f(x_1, x_2, \cdots, x_n) \tag{3-9}$$

由于误差相对于测定量而言是较小的量，因此可将上式依泰勒级数展开，略去二阶导数以上的项，可得函数 y 的绝对误差 Δy 表达式

$$\Delta y = \frac{\partial f}{\partial x_1} \Delta x_1 + \frac{\partial f}{\partial x_2} \Delta x_2 + \cdots + \frac{\partial f}{\partial x_n} \Delta x_n \tag{3-10}$$

此式即为误差的传递公式。式中，Δx_1，Δx_2，$\cdots$，Δx_n 表示直接测量值的绝对误差；$\partial f / \partial x_i$ 称为误差传递系数。

（2）函数误差的表达

由式（3-10）可见，函数的误差 Δy 不仅与各测量值的误差 Δx_i 有关，而且与相应的误差传递系数有关。为保险起见，不考虑各测量值的分误差实际上有相互抵消的可能，将各分量误差取绝对值，即得到函数的最大绝对误差为

$$\Delta y = \sum_{i=1}^{n} \left| \frac{\partial f}{\partial x_i} \Delta x_i \right| \tag{3-11}$$

据此，可求得函数的相对误差为

$$\frac{\Delta y}{y} = \sum_{i=1}^{n} \left| \frac{\partial f}{\partial x_i} \frac{\Delta x_i}{y} \right| \tag{3-12}$$

当各测定量对响应量的影响相互独立时，响应值的标准误差为

$$\sigma_y = \sqrt{\sum_{i=1}^{n} \left(\frac{\partial f}{\partial x_i} \right)^2 \sigma_i^2} \tag{3-13}$$

式中　σ_i ——各直接测量值的标准误差；

σ_y ——响应值的标准误差。

根据误差传递的基本公式，可求取不同函数形式的实验响应值的误差及其精度，以便对实验结果做出正确的评价。

[**例 3-2**] 在测定反应动力学速度常数的实验中，若温度测量的绝对误差为 ΔT，标准误差为 σ_T，试求速率常数 k 的绝对误差 Δk 和标准误差 σ_k 表达式。又若反应的频率因子为 $k_0 = 10^8$，活化能 $E = 90 \ \text{kJ/mol}$，当实验温度为 400℃，$\Delta T = 0.5$，$\sigma_T = 1$ 时，求 Δk 和 σ_k 的大小及速率常数的相对误差。

解：已知速率常数与温度的关系为

$$k_T = k_0 \, \mathrm{e}^{\frac{-E}{RT}}$$

根据误差传递公式，可得

$$\Delta k_T = \frac{\partial k_T}{\partial T} \Delta T = \frac{E}{RT^2} k_0 \, \mathrm{e}^{\frac{-E}{RT}} \Delta T$$

$$\sigma_{k_T} = \sqrt{\left(\frac{\partial k_T}{\partial T}\right)^2 \sigma_T^2} = \frac{E}{RT^2} k_0 \, \mathrm{e}^{\frac{E}{RT}} \sigma_T$$

当 $T = 400℃$，$\Delta T = 0.5$，$\sigma_T = 1$ 时，

$$\Delta k_T = \frac{90\,000}{8.314 \times 673.15^2} \times 10^8 \times \mathrm{e}^{\frac{-90\,000}{8.314 \times 673.15}} \times 0.5 = 0.123$$

速率常数 k_T 的相对误差为

$$\frac{\Delta k_T}{k_T}\% = \frac{0.123}{10.5}\% = 1.17\%$$

而此时温度测量值的相对误差仅为

$$\frac{\Delta T}{T}\% = \frac{0.5}{400}\% = 0.125\%$$

由此可见，由于误差传递过程的放大效应，速率常数的相对误差比温度测量值的相对误差大了近 10 倍。

3.2　实验数据处理

实验数据的处理是实验研究工作中的一个重要环节。由实验获得的大量数据，必须经过正确地分析、处理和关联，才能清楚地看出各变量间的定量关系，从中获得有价值的信息与规律。实验数据的处理是一项技巧性很强的工作。处理方法得当，会使实验结果清晰而准确，否则将得出模糊不清甚至错误的结论。实验数据处理常用的方法有三种：列表法、图示法和模型化法，现分述如下。

1. 实验结果的列表法

列表法是将实验的原始数据、运算数据和最终结果直接列举在各类数据表中以展示实验成果的一种数据处理方法。根据记录的内容不同,数据表主要分为三种:原始数据记录表、中间计算数据表和实验结果表。其中,原始数据记录表是在实验前预先制定的,记录的内容是未经任何运算处理的原始数据。中间计算数据表有助于进行运算,不易混淆。实验结果表记录了经过运算和整理得出的主要实验结果,该表的制定应简明扼要,直接反映实验主要实验指标与操作参数之间的关系。

2. 实验数据的图示法

实验数据图示法就是将整理得到的实验数据或结果标绘成描述因变量和自变量的依从关系的曲线图。该法的优点是直观清晰,便于比较,容易看出数据中的极值点、转折点、周期性、变化率以及其他特性,准确的图形还可以在不知数学表达式的情况下进行微积分运算,因此得到广泛的应用。

图示法的关键是坐标的合理选择,包括坐标类型与坐标刻度的确定。坐标选择不当,往往会扭曲和掩盖曲线的本来面目,导致错误的结论。坐标类型选择的一般原则是尽可能使函数的图形线性化。即线性函数:$y = a + bx$,选用直角坐标纸。指数函数:$y = a^{bx}$,选用半对数坐标纸。幂函数:$y = ax^b$,选用对数坐标。若变量的数值在实验范围内发生了数量级的变化,则该变量应选用对数坐标来标绘。确定坐标分度标值可参照如下原则。

(1)坐标的分度应与实验数据的精度相匹配。即坐标读数的有效数字应与实验数据的有效数字的位数相同。换言之,就是坐标的最小分度值的确定应以实验数据中最小的一位可靠数字为依据。

(2)坐标比例的确定应尽可能使曲线主要部分的切线与 x 轴和 y 轴的夹角成 $45°$。

(3)坐标分度值的起点不必从零开始,一般取数据最小值的整数为坐标起点,以略高于数据最大值的某一整数为坐标终点,使所标绘的图线位置居中。

3. 实验结果的模型化法

实验结果的模型化就是采用数学手段,将离散的实验数据回归成某一特定的函数形式,用以表达变量之间的相互关系,这种数据处理方法又称为回归分析法。

在化工过程开发的实验研究中,涉及的变量较多,这些变量处于同一系统中,既相互联系又相互制约,但是,由于受到各种无法控制的实验因素(如随机误差)的影响,它们之间的关系不能像物理定律那样用确切的数学关系式来表达,只能从统计学的角度来寻求其规律。变量间的这种关系称为相关关系。回归分析是研究变量间相关关系的一种数学方法,是数理统计学的一个重要分支。用回归分析法处理实验数据的步骤是:第一,选择和确定回归方程的形式(即数学模型);第二,用实验数据确定回归方程中模型参数;第三,检验回归方程的等效性。

(1)确定回归方程

回归方程形式的选择和确定有以下三种方法。

① 根据理论知识、实践经验或前人的类似工作,选定回归方程的形式。

② 先将实验数据标绘成曲线,观察其接近于哪一种常用的函数的图形,据此选择方程

的形式。图 3-1 列出了几种常用函数的图形。

③ 先根据理论和经验确定几种可能的方程形式,然后用实验数据分别拟合,并运用概率论、信息论的原理对模型进行筛选,以确定最佳模型。

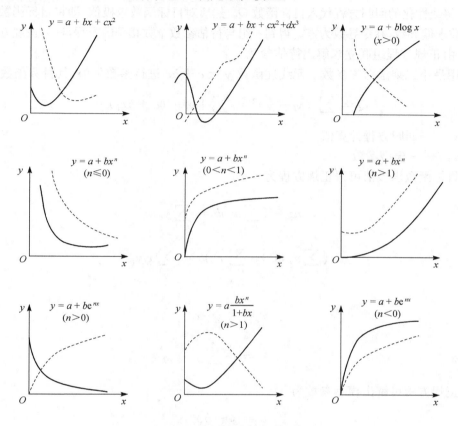

图 3-1　几种常见函数的图形

(2) 模型参数的估计

当回归方程的形式(即数学模型)确定后,要使模型能够真实地表达实验的结果,必须用实验数据对方程进行拟合,进而确定方程中的模型参数,如对线性方程 $y=a+bx$,其待估参数为 a 和 b。

参数估值的指导思想是:由于实验中各种随机误差的存在,实验响应值 y_i 与数学模型的计算值 $\hat{y}$ 不可能完全吻合。但可以通过调整模型参数,使模型计算值尽可能逼近实验数据,使两者的残差 $(y_i-\hat{y})$ 趋于最小,从而达到最佳的拟合状态。

根据这个指导思想,同时考虑到不同实验点的正负残差有可能相互抵消,影响拟合的精度,拟合过程采用最小二乘法进行参数估值,即选择残差平方和最小为参数估值的目标函数,其表达式为

$$Q = \sum_{i=1}^{n} (y_i - \hat{y})^2 \rightarrow \min \tag{3-14}$$

最小二乘法可用于线性或非线性,单参数或多参数数学模型的参数估计,其求解的一般

步骤如下。

① 将选定的回归方程线性化。对复杂的非线性函数,应尽可能采取变量转换或分段线性化的方法,使之转化为线性函数。

② 将线性化的回归方程代入目标函数 Q。然后对目标函数求极值,即将目标函数分别对待估参数求偏导数,并令导数为零。得到一组与待估参数个数相等的方程,称为正规方程。

③ 由正规方程组联立求解出待估参数。

如用最小二乘法对二参数一元线性函数 $y = a + bx$ 进行参数估值,其目标函数为

$$Q = \sum (y_i - \hat{y})^2 = \sum [y_i - (a + bx_i)]^2 \tag{3-15}$$

式中　$\hat{y}$——回归方程计算值;

　　a, b——模型参数。

对目标函数求极值可得正规方程为

$$na + (\sum_{i=1}^{n} x_i)b = \sum_{i=1}^{n} y_i \tag{3-16}$$

$$(\sum_{i=1}^{n} x_i)a + (\sum_{i=1}^{n} x_i^2)b = \sum_{i=1}^{n} x_i y_i \tag{3-17}$$

令

$$\overline{x} = \frac{1}{n} \sum_{i=1}^{n} x_i$$

$$\overline{y} = \frac{1}{n} \sum_{i=1}^{n} y_i$$

由正规方程可解出模型参数为

$$a = \overline{y} - b\overline{x} \tag{3-18}$$

$$b = \frac{\sum x_i y_i - n\overline{xy}}{\sum x_i^2 - n\overline{x}^2} = \frac{\sum (x_i - \overline{x})(y_i - \overline{y})}{\sum (x_i - \overline{x})^2} \tag{3-19}$$

[例 3-3] 在某动力学方程测定实验中,测得不同温度 T 时的速度常数 k 的数据如表 3-1 所示。

试估计频率因子 k_0 和活化能 E。

表 3-1　不同温度下的反应速率常数

内容　　序号	温度 $T/$ K	$k \times 10^2 /$ min^{-1}	$x \times 10^3 /$ K^{-1}	y
1	363	0.666	2.775	−5.01
2	373	1.376	2.681	−4.29
3	383	2.717	2.611	−3.61
4	393	5.221	2.545	−2.95
5	403	9.668	2.481	−2.34

解:根据反应动力学理论,可知 k 与 T 的关系可表达为

$$k = k_0 \exp\left(\frac{-E}{RT}\right)$$

将方程线性化,有

$$\ln k = \ln k_0 - \frac{E}{R}\left(\frac{1}{T}\right)$$

令 $y = \ln k$,$a = \ln k_0$,$x = \frac{1}{T}$,$b = \frac{-E}{R}$,则上式可写为

$$\hat{y} = a + bx$$

根据实验数据,求出相应的 y 与 x,也列于表 3-1 中,根据最小二乘法对上式进行参数估计,计算结果如下:

$$\bar{x} = \frac{\sum x_i}{n} = \frac{1}{5} \times 13.073 \times 10^{-3} = 2.615 \times 10^{-3}$$

$$\bar{y} = \frac{\sum y_i}{n} = \frac{1}{5} \times (-18.20) = -3.640$$

$$n\bar{x}^2 = 5 \times (2.615 \times 10^{-3})^2 = 34.191 \times 10^{-6}$$

代入式(1-21)、式(1-22)得:

$$b = \frac{\sum x_i y_i - n\overline{xy}}{\sum x_i^2 - n\bar{x}^2} = \frac{(-48.042 + 47.593) \times 10^{-3}}{(34.228 - 34.191) \times 10^{-5}} = -12\,135$$

$$a = \bar{y} - b\bar{x} = -3.640 + 12\,135 \times 2.615 \times 10^{-3} = 28.093$$

由 $b = \frac{-E}{R}$,可求得 $E = 12\,135 \times 8.314 = 10\,890$ (kJ/mol)。由 $a = \ln k_0$,可求得 $k_0 = 1.587 \times 10^{12}$。

4. 实验结果的统计检验

无论是采用离散数据的列表法还是采用模型化的回归法表达实验结果,都必须对结果进行科学的统计检验,以考查和评价实验结果的可靠程度,从中获得有价值的实验信息。

统计检验的目的是评价实验指标 y 与变量 x 之间,或模型计算值 $\hat{y}$ 与实验值 y 之间是否存在相关性,以及相关的密切程度如何。检验的方法是:①首先建立一个能够表征实验指标 y 与变量 x 间相关密切程度的数量指标,称为统计量。②假设 y 与 x 不相关的概率为 α,根据假设的 α 从专门的统计检验表中查出统计量的临界值。③将查出的临界统计量与由实验数据算出的统计量进行比较,便可判别 y 与 x 相关的显著性。判别标准见表 3-2。通常称 α 为置信度或显著性水平。

表 3-2　显著性水平的判别标准

显著性水平	检验判据	相关性
$\alpha = 0.01$	计算统计量＞临界统计量	高度显著
$\alpha = 0.05$	计算统计量＞临界统计量	显著

常用的统计检验方法有相关系数法和方差分析法,现分别简述如下。

(1) 方差分析

方差分析不仅可用于检验回归方程的线性相关性,而且可用于对离散的实验数据进行统计检验,判别各因子对实验结果的影响程度,分清因子的主次,优选工艺条件。

方差分析构筑的检验统计量为 F 因子,用于模型检验时,其计算式为

$$F = \frac{\sum (\hat{y}_i - \bar{y})^2 / f_U}{\sum (y_i - \hat{y})^2 / f_Q} = \frac{U/f_U}{Q/f_Q} \tag{3-20}$$

式中 f_U ——回归平方和自由度,$f_U = N$;

$\quad\quad$ f_Q ——残差平方和的自由度,$f_Q = n - N - 1$;

$\quad\quad$ n ——实验点数;

$\quad\quad$ N ——自变量个数;

$\quad\quad$ U ——回归平方和,表示变量水平变化引起的偏差;

$\quad\quad$ Q ——残差平方和,表示实验误差引起的偏差。

检验时,首先依式(3-20)算出统计量 F,然后由指定的显著性水平 α 和自由度 f_U 和 f_Q 从有关手册中查得临界统计量 F_α,依表 3-2 进行相关显著性检验。

(2) 线性相关系数 r

在实验结果的模型化表达方法中,通常利用线性回归将实验结果表示成线性函数。为了检验回归直线与离散的实验数据点之间的符合程度,或者说考查实验指标 y 与自变量 x 之间线性相关的密切程度,提出了相关系数 r 这个检验统计量。相关系数的表达式为

$$r = \frac{\sum (x_i - \bar{x})(y_i - \bar{y})}{\sqrt{\sum (x_i - \bar{x})^2 \sum (y_i - \bar{y})^2}} \tag{3-21}$$

当 $r=1$ 时,y 与 x 完全正相关,实验点均落在回归直线 $\hat{y} = a + bx$ 上。当 $r = -1$ 时,y 与 x 完全负相关,实验点均落在回归直线 $\hat{y} = a - bx$ 上。当 $r = 0$,则表示 y 与 x 无线性关系。一般情况下,$0 < |r| < 1$。这时要判断 x 与 y 之间的线性相关程度,就必须进行显著性检验。检验时,一般取 α 为 0.01 或 0.05,由 α 和 f_Q 查得 R_α 后,将计算得到的 $|r|$ 值与 r_α 进行比较,判别 x 与 y 线性相关的显著性。

3.3　实验报告与科技论文撰写

1. 实验报告的撰写

(1) 实验报告的特点

① 原始性:实验报告记录和表达的实验数据一般比较原始,数据处理的结果通常用图或表的形式表示,比较直观。

② 纪实性:实验报告的内容侧重于实验过程、操作方式、分析方法、实验现象;实验结果

的详尽描述,一般不做深入的理论分析。

③ 试验性:实验报告不强求内容的创新,即使实验未能达到预期效果,甚至失败,也可以撰写实验报告,但必须客观真实。

(2)实验报告的写作格式

① 标题:实验名称。

② 作者及单位:署明作者的真实姓名和单位。

③ 摘要:以简洁的文字说明报告的核心内容。

④ 前言:概述实验的目的、内容、要求和依据。

⑤ 正文:主要内容如下。

• 叙述实验原理和方法,说明实验所依据的基本原理以及实验方案及装置设计的原则。

• 描述实验流程与设备,说明实验所用设备、器材的名称和数量,图示实验装置及流程。

• 详述实验步骤和操作、分析方法,指明操作、分析的要点。

• 记录实验数据与实验现象,列出原始数据表。

• 数据处理,通过计算和整理,将实验结果以列表、图示或照片等形式反映出来。

• 结果讨论,从理论上对实验结果和实验现象做出合理的解释,说明自己的观点和见解。

⑥ 参考文献:注明报告中引用的文献出处。

2. 科技论文的撰写

科技论文是以新理论、新技术、新设备、新发现为对象,通过判断、推理、论证等逻辑思维方法和分析、测定、验证等实验手段来表达科学研究中的发明和发现的文章。

(1)科技论文的特点

① 科学性:内容上客观真实,观点正确,论据充分,方法可靠,数据准确。表达方式上用词准确,结构严谨,语言规范,符合思维规律。

② 学术性:注重对研究对象进行合理的简化和抽象,对实验结果进行概括和论证,总结归纳出可推广应用的规律,而不局限于对过程和结果的简单描述。

③ 创造性:研究成果必须有新意,能够表达新的发现、发明和创造,或提出理论上的新见解,以及对现有技术进行创造性的改进,不可重复、模仿或抄袭他人之作。

(2)科技论文的写作格式

① 论文题目:题目应体现论文的主题,题名的用词要注意以下问题。

• 有助于选定关键词,提供检索信息;

• 避免使用缩略词,代号或公式;

• 题名不宜过长,一般不超过 20 个字。

② 作者姓名,单位或联系地址:署明作者的真实姓名与单位。

③ 论文摘要:摘要是论文主要内容的简短陈述,应说明研究的对象、目的和方法,研究得到的结果、结论和应用范围。重点要表达论文的创新点及相关的结果和结论。

摘要应具有独立性和自含性,即使不读原文,也能据此获得与论文等同量的主要信息,可供文摘等二次文献直接选用。中文摘要一般为 200～300 字，为便于国际交流，应附有相应的外文摘要（约 250 个实词）。摘要中不应出现图表、化学结构式及非共用符号和术语。

④ 关键词（Keywords）：为便于文献检索而从论文中选出的，用于表达论文主题内容和信息的单词、术语。每篇论文一般可选 3～8 个关键词。

⑤ 引言（前言、概述）：说明立题的背景和理由，研究的目的和意义，前人的工作积累和本文的创新点，提出拟解决的问题和解决的方法。

⑥ 理论部分：说明课题的理论及实验依据，提出研究的设想和方法，建立合理的数学模型，进行科学的实验设计。

⑦ 实验部分

• 实验设备及流程：首先说明实验所用设备、装置及主要仪器仪表的名称、型号，对自行设计的非标设备须简要说明其设计原理与依据，并对其测试精度做出检验和标定。然后简述实验流程。

• 实验材料及操作步骤：说明实验所用原料的名称、来源、规格及产地；简述实验操作步骤，对影响实验精度、操作稳定性和安全性的重要步骤应详细说明。

• 实验方法：说明实验的设计思想、运作方案、分析方法及数据处理方法。对体现创新思想的内容和方法要叙述清楚。

⑧ 结果及讨论

• 整理实验结果：将观察到的实验现象、测定的实验数据和分析数据以适当的形式表达出来，如列表、图示、照片等，并尽可能选用合适的数学模型对数据进行关联。将准确可靠、有代表性的数据整理表达出来，为实验结果的讨论提供依据。

• 结果讨论：对实验现象及结果进行分析论证，提出自己的观点与见解，总结出具有创新意义的结论。

⑨ 结论：应言简意赅地表达：实验结果说明了什么问题；得出了什么规律；解决了什么理论或实际问题；对前人的研究成果做了哪些修改、补充、发展、论证或否定；还有哪些有待解决的问题。

⑩ 符号说明：按英文字母的顺序将文中所涉及的各种符号的意义、计量单位注明。

⑪ 参考文献：根据论文引用的参考文献编号，详细注明文献的作者及出处。这一方面体现了对他人著作权的尊重，另一方面有助于读者查阅文献全文。

3.4　思考题

1. 什么是误差？实验误差包括哪些？
2. 误差的表示方法有哪些？最常用的有哪几种表示方法？
3. 请举例说明误差传递对实验结果的影响。

第4章　化工仿真系统软件实验简介

　　计算机通信技术的迅速发展,同样改变着现代化的化工生产过程。近年来,现代化化工厂逐渐实现自动化和半自动化的生产控制,大量的现场工作技术人员从繁复的操作中解脱出来,然而对现代化的技术人员也提出了更高的要求。目前,大型化工厂基本实现 DCS 系统中央集中控制,这样除了让技术人员掌握基本的化工单元操作知识外,还需要熟悉计算机 DCS 系统控制的相关知识。因此,现代的化工实验教学也需要跟随社会发展的要求,进行教学改革,实验教学中的化工仿真教学便成为关注的焦点。

　　为了掌握典型化工过程的特点、规律,为了响应教育部号召,增强学生的动手能力,应该从硬件上加强教学方式的改变。但是学校受自身条件局限及化工生产的特点,不能提供给学生与生产完全一致的实习环境。为了解决这种问题,结合中石油、中石化等大型化工企业实际需要,采用北京东方仿真软件技术有限公司开发的化工实习仿真系统辅助教学,克服实践教学的不足。

4.1　系统安装使用环境

　　1. 硬件部分:一台上位机(教师指令机)＋数十台下位机(学生操作站)。

　　(1) 教师站:CPU 为奔腾 E5200 或 AMD Athlon X2 5000 或更强的 CPU(CPU 主频 1.7 G 以上);内存为 1 G 以上(推荐 2 G 以上);显卡和显示器为分辨率 1 024×768 以上;硬盘空间至少 1 G 剩余空间;操作系统为 Windows Server 2003 SP2。

　　(2) 学生站:CPU 为奔腾 E2140 或 AMD Athlon X2 4000 或更强的 CPU(CPU 主频 1.7 G 以上);内存为 1 G 以上;显卡和显示器为分辨率 1 024×768 以上;硬盘空间至少 1 G 剩余空间;操作系统为 Windows XP SP2/SP3。

　　2. 网络部分:采用点对点的拓扑形式组网,局域网务必连接正常,以确保教师站正常授权 (统一式激活)。

　　3. 软件部分:(1)教师站管理软件;(2)学生操作站:工艺仿真软件、仿 DCS 软件、操作质量评分系统软件。

4.2　化工仿真实验内容

化工实验仿真包含如下实验内容。

(1) 罐区系统操作仿真；

(2) 管式加热炉操作仿真；

(3) 锅炉操作仿真；

(4) 间歇釜反应器操作仿真；

(5) 固定床反应器操作仿真；

(6) 流化床反应器操作仿真；

(7) 一氧化碳中低温变换操作仿真。

4.3　化工仿真实验系统启动

在正常运行的计算机上，完成如下操作，启动化工单元实习仿真培训系统学生站：

开始→程序→××××软件→单击化工单元实习仿真软件(或双击桌面化工单元实习仿真软件快捷图标)，图 4-1 所示为学生站登录界面。

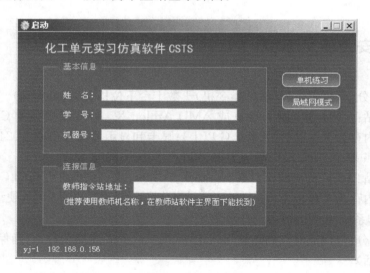

图 4-1　登录界面

根据培训要求或技术条件的需要，学生可选择练习的模式。

(1) 单机练习：学生自主学习，根据统一的教学安排完成培训任务。

局域网模式：通过网络老师可对学生的培训过程统一安排、管理，使学生的学习更加有序、高效。(需配套教师站)

（2）联合操作：提供一个学习小组操作一个软件的模式，提高学生的团队意识和团队协调能力。（需配套教师站）

备注（教师站功能：提供练习、培训、考核等模式，并能组卷（理论加仿真）、设置随机事故扰动，能自动收取成绩等功能。）

4.4　化工仿真实验参数选择

在登录界面上，单击"单机练习"后进入培训参数选择界面如图4-2所示。共有如下选项。

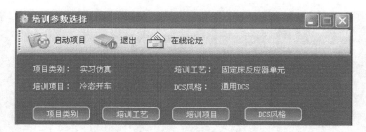

图4-2　培训参数的选择

（1）项目类别；
（2）培训工艺；
（3）培训项目；
（4）DCS风格。

1. 培训工艺的选择

仿真培训系统为学生提供了六类、十五个培训操作单元，如图4-3所示。根据教学计划的安排可确定培训单元，用鼠标左键点击选中单元，点击对象高亮显示，完成培训工艺的选择。

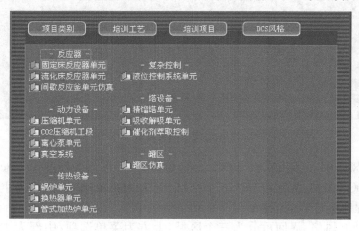

图4-3　培训工艺的选项

2. 培训项目的选择

完成了培训工艺的选择,单击"培训项目",进入具体的培训项目,如图 4-4 所示。常用项目:

(1) 冷态开车;

(2) 正常停车;

(3) 事故处理。

仿真培训系统为学生提供了模拟化工生产中的冷态开车、正常开车、事故处理状态。根据教学计划的安排,学生可选择学习需要选定培训项目,用鼠标左键点击选中单元,点击对象高亮显示,完成培训项目的选择。

图 4-4　培训项目选项

3. DCS 风格的选择

点击 DCS 风格选项,共有 4 种 DCS 风格可选,如图 4-5 所示。

图 4-5　DCS 风格

以上 DCS 风格中,通用 DCS、TDC3000、CS3000、IA 均为标准 Windows 窗口。

(1) 通用 DCS 风格:界面可分为四个区域,上方为菜单选项,主体为主操作区域,下方为功能选项和程序运行当前信息。

(2) TDC3000 风格:界面可分为三个区域,上方为菜单选项,中部为主要显示区域,下方为主操作区。

（3）IA 风格：界面可分为四个区域，上方为菜单选项，中部为主操作区，左边为多功能按钮，最下方为状态栏，以显示当前程序运行信息。

（4）CS3000 风格：CS3000 是一个多窗口操作界面，最多时可显示五个窗口。

以上各项选择完毕后，单击主界面左上角的"启动项目"图标，进入仿真教学界面。

4.5　化工仿真实验菜单功能

启动化工单元实习仿真培训系统后，其主界面是一个标准的 Windows 窗口。

整个界面由上、中、下和最下面四个部分组成。

（1）上部是菜单栏　由工艺、画面、工具和帮助四个部分组成。

（2）中部是主操作区　由若干个功能按钮组成，点击后弹出功能画面，可完成相应的任务。

（3）下部是状态栏　显示当前程序运行信息，每个状态栏中均包含 DCS 图和现场图。

（4）最下部是一个 Windows 任务栏　DCS 集散控制系统和操作质量评分系统，这两个系统可以通过点击图标进行相互切换。

1. 工艺菜单

鼠标点击主菜单上的"工艺"，弹出如图 4-6 所示工艺下拉菜单。工艺菜单中包含了当前信息总览、重做当前任务、培训项目选择、切换工艺内容等功能。

图 4-6　工艺下拉菜单

图 4-7　当前项目信息

（1）当前信息总览　点击"当前信息总览"后，弹出如图 4-7 所示界面，显示当前项目信息，有当前工艺、当前培训和操作模式。

（2）重做当前任务　点击"重做当前任务"选项后，系统重新初始化当前运行项目，各项数据回到当前培训项目的初始态，重新进行当前项目的培训。

（3）培训项目选择　此选项是进行培训项目的重新选择，运行过程会出现如图 4-8 提示，可根据图中提示完成各项操作。如确认重新选择培训项目后，出现图 4-9 界面，并重新回到图 4-5 的界面，选择新的培训项目后，点击"启动项目"即可。

图 4-8　退出当前工艺　　　　　图 4-9　确认退出当前 DCS 仿真

（4）切换工艺内容　点击"切换工艺内容"，根据图中提示完成培训工艺内容的切换或重新选择工艺内容，操作过程同上。

（5）进度存盘和进度重演　由于项目完成时间的原因或其他原因要停止当前培训状态，但又要保留当前培训信息，可用此选项完成。具体操作如图 4-10 所示，注意进度存盘的文件名要唯一的，否则会丢失相关信息。进度重演时只要点击进度存盘的文件名就可回到原培训进度。

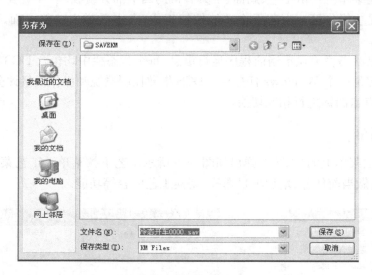

图 4-10　进度存盘

（6）系统冻结　点击此选项后，仿真系统的工艺过程处于"系统冻结"状态。此时，对工艺的任何操作都是无效的，但其他的相关操作是不受影响的。再点击"系统冻结"选项时，系统恢复培训，各项操作正常运行。

（7）系统退出　点击此项后，关闭化工单元实习仿真培训系统，回到 Windows 画面。

2. 画面菜单

画面菜单有流程图画面、控制组画面、趋势画面、报警画面，如图 4-11 所示。

（1）流程图画面　如图 4-12 所示流程图画面由 DCS 图画面、现场图画面组成。

流程图画面是主要的操作区域，包括了流程图、显示区域、操作区域。

• 显示区域　显示了与操作有关的设备、控制系统的图形、位号、数据的实时信息等。在显示流程中的工艺变量时，采用了数字显示和图形显示两种形式。数字显示相当于现场的数字仪表，图形显示相当于现场的显示仪表。

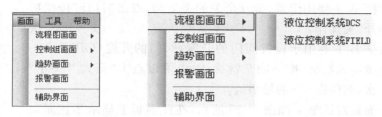

图 4-11　画面下拉菜单　　　　　图 4-12　流程图画面

- **操作区域**　完成了主控室与现场的全部手动、自动仿真操作,其操作模式采用了触屏和鼠标点击的方式。对于不同风格的操作系统,会出现不同的操作方式,本书根据目前化工行业中应用 DCS 系统的主要产品,分别介绍通用 DCS 和 TDC3000 风格的操作系统。

① 通用 DCS 风格的操作系统　如图 4-13、图 4-14、图 4-15 所示,通用 DCS 风格的操作系统采用弹出不同的 Windows 标准对话框、显示控制面板的形式完成手动和自动制作。

图 4-13　泵、全开全关的手动阀

图 4-14　可调阀

• 对话框 A 主要用于泵、全开全关的手动阀,点击"打开"按钮可完成泵、阀的开、关操作。

• 对话框 B 主要用于设置阀门的开度,阀门的开度(OP)为 0～100%。可直接输入数据,按下回车键确认;也可以点击"开大""关小"按钮,点击一次,阀位以 5%的量增减。

• 控制面板对话框　如图 4-15 所示,在此面板上显示了控制对象的所有信息和控制手段。控制变量参数如表 4-1 所示。

图 4-15　控制面板

表 4-1　通用 DCS 风格控制面板信息一览表

变量参数	PV(测量值)	SP(设定值)	OP(输出值)
控制模式	MAN(手动)	AUT(自动)	CAS(串级)

以上操作均为所见即所得的 Windows 界面操作方式,但每一项操作完成后,按回车键确认后才有效,否则各项设置无效。

② TDC3000 风格的操作系统 如图 4-16、图 4-17、图 4-18 所示,TDC3000 风格的操作系统共有三种形式的操作界面。图 4-16 的操作界面主要是显示控制回路中所控制的变量参数及控制模式,如表 4-2 所示。在操作区点击控制模式按钮可完成手动/自动/串级方式切换,手动状态下可完成输出值的输入等。

表 4-2　TDC3000 风格控制面板信息一览表

变量参数	PV(测量值)	SP(设定值)	OP(输出值)
控制模式	MAN(手动)	AUT(自动)	CAS(串级)

| PROG | MAN | AUTO | CAS | PV 25.00 | SP 25.00 | OP 0.00 | ENTER | CLR |

图 4-16　DCS 界面操作区域

图 4-17 操作界面的功能是设置泵、阀门的开关(全开、全关型),点击"OP",按其提示完成操作。以上操作均需点击"ENTER"或键盘回车才有效,点击"CLR"操作界面清除。

| PV — | OP OFF | ENTER | CLR |

图 4-17　泵、阀门的开关

| PV — | OP 100.00 | ENTER | CLR |

图 4-18　阀门的开关

图 4-18 操作界面的功能是设置阀门开度连续变化的量,点击"OP",按其提示完成操作。以上操作均需点击"ENTER"或键盘回车才有效,点击"CLR"操作界面清除。

(2) 控制组画面　如图 4-19 所示,包括流程中所有的控制仪表和显示仪表。对应的每一块仪表反映了以下信息。

- 仪表信息　控制点的位号、变量描述、相应指标（PV、SP、OP）。
- 操作状态　手动、自动、串级、程序控制。

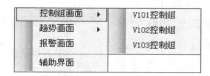

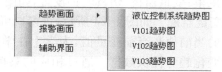

图 4-19　控制组画面　　　　　　　　　图 4-20　趋势画面

（3）趋势画面　如图 4-20 所示，反映了当前控制组画面中的控制对象的实时或历史趋势，由若干个趋势图组成。趋势图的横标表示时间，纵标表示变量。一幅画面可同时显示八个变量的趋势，分别用不同的颜色表示，每一个被测变量的位号、描述、测量值、单位等，可用图中的箭头移动查看任一变量的运行趋势，如图 4-21 所示。

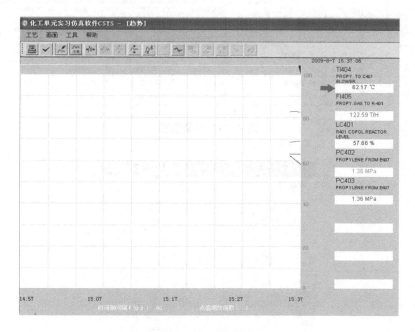

图 4-21　趋势图

（4）报警画面　点击"报警画面"出现如图 4-22 所示窗口，在报警列表中，列出了报警时间、报警占的工位号、报警点的描述、报警的级别。一般分为四个级别：高高报（HH）、高报（HI）、低报（LO）、低低报（LL）。以上报警值均为发生报警时的工艺指标当前值。

09-8-7	15:57:43	FI404	PROPYLENE TO R401	PVLO	200.00
09-8-7	15:56:27	JI401	C401 RECYCLE COMPRESSOR	PVHI	320.00
09-8-7	15:56:27	LI402	R401 COPOL.REACTOR LEVEL	PVHI	80.00
09-8-7	15:56:27	FI402	HYDROGEN TO R401	PVHI	0.08
09-8-7	15:56:27	PDI401	PRESSURE DROP ON C401	PVLO	0.40
09-8-7	15:56:27	AC402	H2/C2 RATIO IN R401	PVLO	0.20

图 4-22　报警画面

3. 工具菜单

工具菜单:变量监视、仿真时钟设置,如图 4-23 所示。

（1）变量监视　如图 4-24 所示,该窗口可实时监测各个点对应变量的当前值和当前变量值,为学生在学习过程中判断工艺过程的变化趋势提供数据。通过相应的菜单可完成:培训文件的生成、查询、退出等操作。

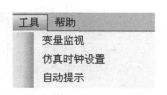

（2）仿真时钟设置　如图 4-25 所示,通过选择时标,可使仿真进程加快或减慢,从而满足教学和培训的需要。

图 4-23　工具菜单

ID	点名	描述	当前点值	当前变量值	点值上限	点值下限
1	FT1425	CONTROL C2H2	0.000000	0.000000	70000.000000	0.000000
2	FT1427	CONTROL H2	0.000000	0.000000	300.000000	0.000000
3	TC1466	CONTROL T	25.000000	25.000000	80.000000	0.000000
4	TI1467A	T OF ER424A	25.000000	25.000000	400.000000	0.000000
5	TI1467B	T OF ER424B	25.000000	25.000000	400.000000	0.000000
6	PC1426	P OF EV429	0.030000	0.030000	1.000000	0.000000
7	LI1426	H OF 1426	0.000000	0.000000	100.000000	0.000000

图 4-24　变量监视

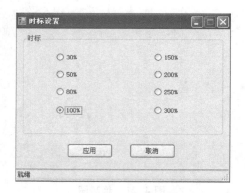

图 4-25　仿真时钟设置

4. 帮助菜单

帮助菜单:帮助主题、产品反馈、激活管理、关于等信息。

4.6　化工仿真实验系统操作质量评价系统

操作质量评价系统是独立的子系统,它和化工单元实习仿真培训系统同步启动。可以对学生的操作过程进行实时跟踪,对组态结果进行分析诊断,对学生的操作过程、步骤进行评定,最后将评断结果一一列举,显示在如图4-26所示信息框中。

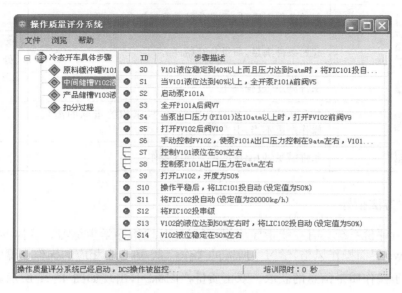

图4-26 操作质量评价系统

在操作质量评价系统中,详细地列出当前对象的具体操作步骤,每一步诊断信息,采用得失分的形式显示在界面上。在质量诊断栏目中,显示操作的起始条件和终止条件,以有利于学生的操作、分析、判断。

1. 操作状态解析

在操作质量评价系统中,系统对当前对象的操作步骤、操作质量采用不同的颜色、图标表示。具体方法见表4-3、表4-4。

(1)操作步骤状态图标及提示。

表4-3 操作步骤状态及提示一览表

图标	说　　明	备注
◈	起始条件不满足,不参与过程评分	红色
◈	起始条件满足,开始对过程中的步骤进行评分	绿色
●	一般步骤,没有满足操作条件,不可强行操作	红色
●	一般步骤,满足操作条件,但操作步骤没有完成,可操作	绿色
✔	操作已经完成,操作完全正确	得满分
✕	操作已经完成,但操作错误	得0分
◯	条件满足,过程终止	强迫结束

(2)操作质量状态图标及提示。

表 4-4　操作步骤状态及提示一览表

图标	说　　明	备注
	起始条件不满足,质量分没有开始评分	
	起始条件满足,质量分开始评分	无终止条件时,始终处于评分状态
	条件满足,过程终止	强迫结束
	扣分步骤,从已得总分中扣分,提示相关指标的高限。操作严重不当,引发重大事故	关键步骤
	条件满足,但出现严重失误的操作	开始扣分

2. 操作方法指导

操作质量评价系统具有在线指导功能,可以适时地指导学生练习。具体的操作步骤采用了 Windows 界面操作风格,学习中所需的操作信息,可点击相应的操作步骤即可。此处,注意的是关于操作质量信息的获取。双击质量栏图标 ,出现如图 4-27 所示对话框,通过对话框可以查看所需质量指标的标准值和该质量步骤开始评分与结束评分的条件。质量评分是对所控制工艺指标的时间积分值,是对控制质量的一个直观反映。

图 4-27　操作质量信息对话框

3. 操作诊断

由于操作质量评价系统是一个智能化的在线诊断系统,所以系统可以对操作过程进行实时的跟踪评判,并将评判的结果实时地显示在界面上。学生在学习过程中,可根据学习的需要对操作过程的步骤和质量逐一加以研读。统计各种操作错误信息,学生可以及时地查找错误的原因,并对出现错误的步骤和质量操作加以强化,从而达到学习的效果。具体信息见图 4-28。

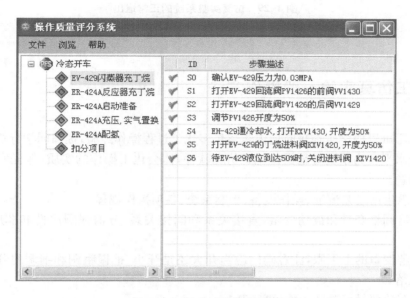

图 4-28　操作过程评判结果

4. 操作评定

操作质量评价系统在对操作过程进行实时跟踪的同时,不仅对每一步进行评判,而且对评判的结果进行定量计分,并对整个学习过程进行综合评分。系统将所有的评判分数加以综合,可以采用文本格式或电子表格生成评分文件。

5. 其他辅助功能

(1)生成学生成绩单;
(2)学生成绩单的读取和保存;
(3)退出系统;
(4)帮助信息。
以上操作均采用 Windows 风格操作。

4.7　仿真培训系统退出

完成正常的各项仿真实验后,可从培训参数界面如图 4-29 所示,或从工艺菜单下选择退出。

图 4-29　仿真实验系统的正常退出

4.8　化工仿真实验一般操作方法

仿真练习可以使学生在短时期内积累较多化工过程操作经验，提高同学分析问题、解决问题的综合水平。为了更好地操作化工仿真软件，体会化工操作的实质，保证实验效果，应注意以下问题。

（1）熟悉生产工艺流程、操作设备、控制系统、各项操作规程。

（2）分清调整变量和被动变量，直接关系和间接关系，分清强顺序性和非顺序性操作步骤。

（3）了解变量的上下限，注意阀门应当开大还是开小、把握粗调和细调的分寸、操作时切勿大起大落。

（4）开车前要做好准备工作，再行开车。

（5）蒸汽管线先排凝后运行，高点排气、低点排液。

（6）理解流程，跟着流程式走、注意关联类操作，先低负荷开车到正常工况，再缓慢提升负荷。

（7）建立推动力和过热保护的概念、建立物料量的概念，同时了解物料的性质。

（8）以动态的思维理解过程运行、利用自动控制系统开车，控制系统有问题立即改成手动。

（9）故障处理时要从根本上解决问题、投连锁系统时要谨慎。

4.9　思考题

1. 化工实验仿真系统中操作质量评价系统的功能是什么？
2. 进行化工仿真实验时一般应注意哪些问题？

第二篇

化工专业实验实例

第 5 章 基础数据测定实验

基础数据也称为物性参数,是化工计算的基础。随着化工生产的不断发展,现有基础数据远不能满足需要。许多物质的平衡数据很难由理论计算直接得到,必须由实验测定。如果物性参数不准确,将直接影响实验和实际生产结果,造成严重后果。因此,必须学会如何通过化工热力学的方法获得正确的基础数据。通过本实验了解过程热力学分析的基本原理和原则,学习化工热力学实验中基础数据的测试及测试监控所用的仪器、设备等,并能根据物质基础数据本身的特殊性,确定采用的测试方法和仪器、设备等,掌握用计算机编程处理热力学实验数据,为以后的工作和学习打下坚实的基础。

5.1 氨水系统气液相平衡数据测定实验(实验一)

1. 实验目的

(1)了解静力法测定氨-水系统相平衡数据的方法;
(2)掌握相平衡实验的基本操作。

2. 实验原理

气液系统的相平衡数据主要是指气体在液体中的溶解度。这在吸收、气提等单元操作中是很重要的基础数据,但比汽液平衡数据要短缺得多,尤其是 25℃ 以上的数据甚少,至于有关的关联式和计算方法更是缺乏。

测定溶液挥发组分平衡分压的方法主要有静态法、流动法和循环法。

(1)静态法是在密闭容器中,使气液两相在一定温度下充分接触,经一定时间后达到平衡,用减压抽取法迅速取出气、液两相试样,经分析后得出平衡分压与液相组成的关系。此法流程简单,只需一个密闭容器即可。(2)流动法是将已知量的惰性气体,以适当的速度通过一定温度下已知浓度的试样溶液,使其充分接触而达成平衡。测定气相中被惰性气体带出的挥发组分,即可求得平衡分压与液相组成的关系。此法易于建立平衡,可在较短时间里完成实验,气相取样量较多,且取样时系统温度、压力能保持稳定,准确程度高,但流程较复杂,设备装置也多。(3)循环法是在平衡装置外有一个可使气体或液体循环的装置,因而有气体循环、液体循环以及气液双循环的装置。循环法搅拌情况比较好,容易达到平衡,但循环泵的制作要求很高,要保证不泄漏。

本实验采用静态法,在一定温度、加压条件下测定氨-水系统的气相平衡分压,以获取液相组成和平衡分压的关系。

当气液两相达平衡时,气相和液相中 i 组分的逸度必定相等。

$$\hat{f}_i^{\mathrm{V}} = \hat{f}_i^{\mathrm{L}} \tag{5-1}$$

气相中 i 组分逸度为

$$\hat{f}_i^{\mathrm{V}} = p y_i \hat{\varphi}_i^{\mathrm{V}} \tag{5-2}$$

式中 $\hat{f}_i^{\mathrm{V}}$、$\hat{f}_i^{\mathrm{L}}$——分别为气相和液相中 i 组分的逸度,MPa;

  y_i、$\hat{\varphi}_i^{\mathrm{V}}$——分别为气相中 i 组分的摩尔分率和逸度系数,量纲为1;

   p——系统压力,MPa。

当气体溶解度较小时,液相中组成的逸度采用 Henry 定律计算:

$$\hat{f}_i^{\mathrm{L}} = E_i x_i \tag{5-3}$$

式中,x_i、E_i 分别为液相中 i 组分的摩尔分率和亨利系数(MPa)。

如气体在液体中具有中等程度的溶解度时,则应引入液相活度系数 γ^* 的概念,即

$$\hat{f}_i^{\mathrm{L}} = E_i \gamma_i^* x_i \tag{5-4}$$

γ^* 表示对亨利定律的偏差,故其极限条件为 $x_i \rightarrow 0$ 时,$\gamma^* \rightarrow 1$。

由式(5-1)、式(5-2)、式(5-3)可得汽液平衡基本关系式

$$y_i = \frac{E_i}{\hat{\varphi}_i^{\mathrm{V}} p} x_i \tag{5-5}$$

或

$$y_i = \frac{E_i \gamma_i^*}{\hat{\varphi}_i^{\mathrm{V}} p} x_i$$

当气相为理想溶液时,$\hat{\varphi}_i^{\mathrm{V}} = \varphi_i$,若气相为理想气体的混合物,$\hat{\varphi}_i^{\mathrm{V}} = 1$,此时气相分压 p_i 如式(5-6)所示。

$$p_i = p y_i = E_i x_i \tag{5-6}$$

式(5-6)是在低压下使用很广泛的气液相的平衡关系式。

亨利定律也常用容积摩尔浓度表示:

$$\hat{f}_i^{\mathrm{V}} = H_i C_i \tag{5-7}$$

式中 C_i——气体在溶液中的溶解度,kmol/m³;

  H_i——气体在溶液中的溶解度系数,m³/(kmol·MPa)。

在低压下,同样可应用下式

$$p_i = H_i C_i \tag{5-8}$$

亨利定律只适用于物理溶解,如溶质在溶剂中发生离解、缔合及化学反应时,必须把亨利定律和液相反应进行关联。温度、压力以及化学反应对气体溶解度的影响可以从它们对亨利系数 E、溶解度系数 H 的关系进行推算。详细可参阅有关书刊。

根据相律,$F = C - \pi + 2$,即自由度＝独立组分数－相数＋条件数。两组分系统气液平衡时,自由度为2,即在温度 T,压力 p,液相组成 x_1,x_2 及气相组成 y_1,y_2 共6个变量中,指定任意 2 个,则其余 4 个变量都将确定。对于一定的系统,其挥发组分的平衡分压与总压,平衡温度及溶液组成有关。在较低压力下,总压的影响可以忽略。故在实验中,为使气相组成测定准确,必须使温度和液相组成保持稳定。

3. 实验装置

氨水系统汽液平衡数据测定实验装置主要由控制器、加热器和高压釜等构成,如图 5-1 所示。

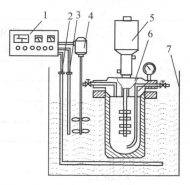

图 5-1　气液相平衡数据测定装置

1—控制器；2—加热器；
3—测温元件；4—搅拌器；
5—电磁搅拌器；6—高压釜；
7—恒温槽

4. 实验步骤及方法

(1) 仪器及试剂

① 5 mL 移液管 2 支；

② 2.0 mol/L 及 0.6 mol/L H_2SO_4 标准溶液,0.3 mol/L NaOH 标准溶液；

③ 取样瓶 4 只；

④ 电光天平(称重 200 g,感量 0.1 mg)1 台；

⑤ 50 mL 酸式、碱式滴定管各 1 支。

(2) 实验步骤

① 把清洗干净的高压釜安装好,进行气密性检查。

② 先向高压釜液相管中加入一定量的水,然后用真空泵从气相管将釜中空气抽空,再用小钢瓶准确地从液相管中加入液氨,其量由二次称量相减得到,即配制成一定浓度的氨水。

③ 将气相、液相取样管装好,高压釜放入恒温槽内,开动电磁搅拌器。

④ 测定在 30℃、35℃、40℃下的平衡压力,并分析 40℃平衡条件下的液相和气相组成。

(3) 分析方法

液相:用移液管吸取2.0 mol/L H_2SO_4 标准溶液 5 mL 放入取样瓶中并加数滴甲基橙指示剂,然后接入高压釜上的液相取样管上,取样约 1 g,根据溶液的颜色决定用酸或碱回滴求得液相的组成。

气相:用移液管吸取 0.6 mol/L H_2SO_4 标准溶液 5 mL,其他操作与液相分析相同。

5. 实验记录与数据处理

室温(℃)_____   大气压(MPa)_____
水加入量_____   氨加入量_____

平衡温度与平衡压力的记录

编号	平衡温度	平衡压力
1		
2		
3		

取样分析记录

样品	取样前量/g	取样后量/g	取样量/g	消耗酸/mL	消耗碱/mL	分析结果
液相样(1)						
液相样(2)						
气相样(1)						
气相样(2)						

6. 实验报告

(1) 简述实验的目的、装置及方法。

(2) 记录实验数据。

(3) 根据数据分析,计算出气、液相组成及气相中氨分压。

(4) 实验结果讨论。

7. 思考题

(1) 测定气液平衡数据的方法有哪几种? 请分别说明它们的实验原理和基本装置、适用范围。

(2) 怎样进行设备的气密性检查?

(3) 如何判断实验系统达到平衡?

5.2 二氧化碳曲线测定实验(实验二)

1. 实验目的

(1) 了解 CO_2 临界状态的测定方法;

(2) 掌握热力状态中凝结、汽化、饱和状态等基本概念;

(3) 掌握 CO_2 的 $p\text{-}V\text{-}t$ 关系的测定方法和原理;

（4）熟悉活塞式压力计、恒温器等仪器的正确使用方法。

2. 实验原理

理想气体状态方程：$pV_m = RT$

实际气体：因为气体分子体积和分子之间存在相互的作用力，状态参数（压力、温度、比容）之间的关系不再遵循理想气体方程式了。考虑上述两方面的影响，1873 年范德瓦尔斯对理想气体状态方程式进行了修正，提出如下修正方程：

$$\left(p + \frac{a}{V^2}\right)(V - b) = RT$$

式中，a/V^2 是分子力的修正项，b 是分子体积的修正项。

修正方程也可写成：

$$pV^2 - (bp + RT)V^2 + aV - ab = 0 \tag{1}$$

它是 V 的三次方程。随着 p 和 T 的不同，V 可以有三种解：（1）三个不等的实根；（2）三个相等的实根；（3）一个实根、两个虚根。

1869 年安德鲁用 CO_2 做试验说明了这个现象，他在各种温度下定温压缩 CO_2 并测定 p 与 V，得到了 $p\text{-}V$ 图上一些等温线，如图 5-2 所示。从图中可见，当 $t > 31.1℃$ 时，对应每一个 p，可有一个 V 值，相应于（1）方程具有一个实根、两个虚根；当 $t = 31.1℃$ 时，而 $p = p_c$ 时，使曲线出现一个转折点 C 即临界点，相应于方程解的三个相等的实根；当 $t < 31.1℃$ 时，实验测得的等温线中间有一段是水平线（气体凝结过程），这段曲线与按方程式描出的曲线不能完全吻合。这表明范德瓦尔斯方程有不够完善之处，但是它反映了物质汽液两相的性质和两相转变的连续性。

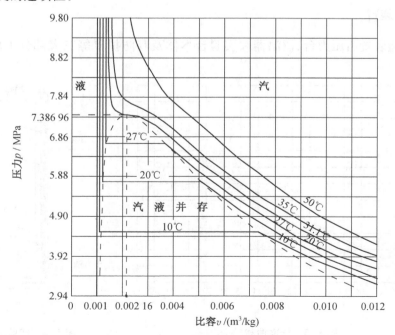

图 5-2　汽液平衡曲线图

简单可压缩系统工质处于平衡状态时,状态参数压力、温度和比容之间有确定的关系,可表示为:

$$F(p, V, T) = 0$$

或

$$V = f(p, T)$$

可见,保持任意一个参数恒定,测出其余两个参数之间的关系,就可以求出工质状态变化规律。如维持温度不变,测定比容与压力的对应数值,就可以得到等温线的数据。

实验二氧化碳的压力值,由装在压力台上的压力表读出。温度由实验台上的温度显示表读出。比容首先由承压玻璃管内二氧化碳柱的高度来测量,而后再根据承压玻璃管内径截面不变等条件来换算得出。具体计算过程如下:

(1) 已知 CO_2 液体在 20℃,9.8 MPa 时的比容 $\upsilon(20℃, 9.8\ \text{MPa}) = 0.001\ 17\ \text{m}^3/\text{kg}$。

(2) 实际测定实验台在 20℃,9.8 MPa 时的 CO_2 液柱高度 $\Delta h_0 (\text{m})$。

(3) 因为 $\upsilon(20℃, 9.8\ \text{MPa}) = \dfrac{\Delta h_0 A}{m} = 0.001\ 17\ \text{m}^3/\text{kg}$

所以 $\dfrac{m}{A} = \dfrac{\Delta h_0}{0.001\ 17} = K(\text{kg/m}^2)$

式中 K——玻璃管内 CO_2 的质面比常数。

所以,任意温度、压力下 CO_2 的比容为 $\upsilon = \dfrac{\Delta h}{m/A} = \dfrac{\Delta h}{K}$ (m^3/kg)

式中 $\Delta h = h - h_0$

h——任意温度、压力下水银柱高度;

h_0——承压玻璃管内径顶端刻度。

CO_2 汽液平衡相图和标准曲线分别如图5-2、图5-3所示。

3. 实验装置

整个实验装置由压力台、恒温器和实验台本体及其防护罩等三大部分组成,如图 5-4 所示。

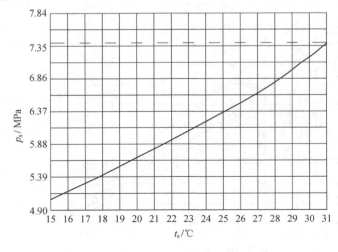

图 5-3   标准曲线

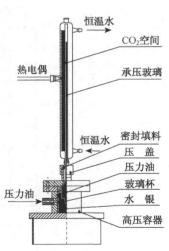

图 5-4   实验装置图

4. 实验步骤

（1）关压力表及其进入本体油路的两个阀门，开启压力台油杯上的进油阀，摇退压力台上的活塞螺杆，直至螺杆全部退出。这时，压力台油缸中抽满了油，先关闭油杯阀门，然后开启压力表和进入本体油路的两个阀门。摇进活塞螺杆，使本体充油。如此交复，直至压力表上有压力读数为止。

（2）把水注入恒温器内，至离盖 30～50 mm。检查并接通电路，启动水泵，调节温度旋钮设置所要设定的温度。

（3）测定低于临界温度 $t=20℃$ 时的等温线。

① 将恒温器调定在 $t=20℃$，并保持恒温；

② 压力从 4.41 MPa 开始，当玻璃管内水银柱升起来后，应足够缓慢地摇进活塞螺杆，以保证等温条件。否则，将来不及平衡，使读数不准；

③ 按照适当的压力间隔取 h 值，直至压力 $p=9.8$ MPa；

④ 注意加压后 CO_2 的变化，特别是注意饱和压力和饱和温度之间的对应关系以及液化、汽化等现象。将测得的实验数据及观察到的现象填入表 5-1。

（4）测定临界参数，并观察临界现象。

① 按上述方法和步骤测出临界等温线，并在该曲线的拐点处找出临界压力 p_c 和临界比容 v_c，并将数据填入表 5-1；

② 观察临界现象。

（a）整体相变现象：由于在临界点时，汽化潜热等于零，饱和汽相线和饱和液相线合于一点，所以这时汽液的相互转变不是像临界温度以下时那样逐渐积累，需要一定的时间，表现为渐变过程，而这时当压力稍有变化时，汽、液是以突变的形式相互转化。

（b）汽、液两相模糊不清的现象：处于临界点的 CO_2 具有共同参数（p, V, t），因而不能区别此时 CO_2 是气态还是液态。如果说它是气体，那么这种气体是接近液态的气体；如果说它是液体，那么这种液体又是接近气态的液体。下面就来用实验证明这个结论，因为这时处于临界温度，如果按等温线过程进行，使 CO_2 压缩或膨胀，那么管内是什么也看不到的。现在，我们按绝热过程来进行，首先在压力等于 7.64 MPa 附近，突然降压，CO_2 状态点由等温线沿绝热线降到液相区，管内 CO_2 出现明显的液面。这就是说，如果这时管内的 CO_2 是气体的话，那么，这种气体离液区很接近，可以说是接近液态的气体；当我们在膨胀之后，突然压缩 CO_2 时，这个液面又立即消失了。这就告诉我们，这时 CO_2 液体离气相区也是非常接近的，可以说是接近气态的液体。既然，此时的 CO_2 既接近气态，又接近液态，所以能处于临界点附近。可以这样说：临界状态究竟如何，就是饱和汽液分不清。

（5）测定高于临界温度 $t=50℃$ 时的等温线。将数据填入原始记录表 5-1。

5. 实验记录与数据处理

表 5-1　实验数据记录表

$t=20℃$				$t=31.1℃$（临界）				$t=50℃$			
p/MPa	Δh	$v=\Delta h/K$	现象	p/MPa	Δh	$v=\Delta h/K$	现象	p/MPa	Δh	$v=\Delta h/K$	现象
进行等温线实验所需时间											
分钟				分钟				分钟			

表 5-2　临界比容 v_c/m³/kg

标准值	实验值	$v_c=RT_c/p_c$	$v_c=3/8$	RT/p_c
0.002 16				

6. 实验报告

（1）简述实验目的、任务及实验原理。

（2）记录实验过程的原始数据（实验数据记录表）。

（3）按表 5-1 的数据，在 p-v 坐标系中画出三条等温线。

（4）将实验测得的等温线与图 5-3 所示的标准等温线比较，并分析它们之间的差异及原因。

（5）将实验测得的饱和温度和饱和压力的对应值与书中的 t_s-p_s 曲线相比较，说明异同点。

（6）将实验测定的临界比容 v_c 与理论计算值一并填入表 5-2，并分析它们之间的差异及其原因。

7. 思考题

（1）为什么加压时，要足够缓慢地摇动活塞杆而使加压足够缓慢进行？若不缓慢加压，会出现什么问题？

（2）卸压时为什么不能直接开启油杯阀门？

（3）什么是临界状态和临界点？

（4）请举例说明临界状态的具体应用。

5.3 三元液液平衡数据测定实验(实验三)

1. 实验目的

(1) 掌握液液平衡数据测定方法;
(2) 了解三元系统液液平衡数据测定方法;
(3) 掌握三角形相图的绘制。

2. 实验原理

三元液液平衡数据的测定主要有两种方法。一种方法是配制一定的三元混合物,在恒定温度下搅拌,充分接触,以达到两相平衡。然后静止分层,分别取出两相溶液分析其组成。这种方法可直接测出平衡联结线数据,但分析常有困难。

另一种方法是先用浊点法测出三元系的溶解度曲线,并确定溶解度曲线上的组成与某一物性(如折光率、密度等)的关系,然后再测定相同温度下平衡联结线数据,这时只需根据已确定的曲线来决定两相的组成。对于醋酸-水-醋酸乙烯这个特定的三元系,由于分析醋酸最为方便,因此采用浊点法测定溶解度曲线,并按此三元溶解度数据,对水层以醋酸及醋酸乙烯为坐标进行标绘,对油层以醋酸及水为坐标进行标绘,画成曲线,以备测定联结线时应用,然后配制一定的三元混合物,经搅拌,静止分层后,分别取出两相样品,分析其中的醋酸含量,由溶解度曲线查出另一组分的含量,并用减量法确定第三组分的含量,如图 5-5 所示。

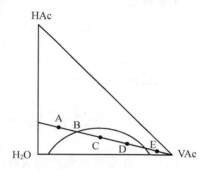

图 5-5　HAc-H₂O-VAc 的三元相图

若已知互溶的两对二元汽液平衡数据以及部分互溶对二元的液液平衡的数据,应用非线性最小二乘法,可求出各对二元活度系数关联式的参数。由于 Wilson 方程对部分互溶系统不适用,因此关联液液平衡常采用 NRTL 或 UNIQUAC 方程。

当已计算出 HAc-H₂O、HAc-VAc、VAc-H₂O 三对二元系的 NRTL 或 UNIQUAC 参数后,可用 Null 法求出平衡液相组成。

在某一温度下,已知三对二元的活度系数关联式参数,并已知溶液的总组成,可计算平衡液相的组成。

令溶液的总组成为 x_{if},分成两液层,一层为 A,组成为 x_{iA},另一层为 B,组成为 x_{iB},设混合物的总量为 1 mol,其中液相 A 占 M mol,液相 B 占 $(1-M)$ mol。

对 j 组分进行物料衡算:

$$x_{if} = x_{iA}A + (1-M)x_{iB} \tag{5-9}$$

若将 x_{iA}、x_{iB}、x_{if} 在三角形坐标上标绘,则三点应在一根直线上。此直线称为共轭线。根据液液平衡的热力学关系式:

$$x_{iA}\gamma_{iA} = x_{iB}\gamma_{iB}$$

$$x_{iA} = \frac{\gamma_{iB}}{\gamma_{iA}} \cdot x_{iB} = K_i x_{iB} \tag{5-10}$$

式中，$K_i = \dfrac{\gamma_{iB}}{\gamma_{iA}}$。

将式(5-10)代入式(5-9)，有

$$x_{if} = MK_i x_{iB} + (1-M)x_{iB} = x_{iB}(1-M+MK_i)$$

$$x_{iB} = \frac{x_{if}}{1+M(K_i-1)} \tag{5-11}$$

由于 $\sum x_{iA} = 1$ 及 $\sum x_{iB} = 1$

因此

$$\sum x_{iB} = \sum \frac{x_{if}}{1+M(K_i-1)} = 1$$

$$\sum x_{iA} = \sum K_i x_{iB} = 1$$

$$\sum x_{iB} - \sum x_{iA} = \sum \frac{x_{if}}{1+M(K_i-1)} - \sum \frac{K_i x_{if}}{1+M(K_i-1)} = 0$$

经整理得

$$\sum \frac{x_{if}(K_i-1)}{1+M(K_i-1)} = 0 \tag{5-12}$$

对三元系可展开为

$$\frac{x_{1f}(K_1-1)}{1+M(K_1-1)} + \frac{x_{2f}(K_2-1)}{1+M(K_2-1)} + \frac{x_{3f}(K_3-1)}{1+M(K_3-3)} = 0$$

γ_{iA} 是 A 相组成及温度的函数，γ_{iB} 是 B 相组成及温度的函数。x_{if} 是已知数，先假定两相混合的组成。由式(5-10)可求得 K_1、K_2、K_3，式(5-12)中只有 M 是未知数，因此是个一元函数求零点的问题。

当已知温度，总组成，关联式常数，求两相组成的 x_{iA} 及 x_{iB} 的步骤如下。

(1) 假定两相组成的初值(可用实验值作为初值)，求 K_i，解式(5-12) $\sum \dfrac{x_{if}(K_i-1)}{1+M(K_i-1)} = 0$ 中的 M 值。

(2) 求得 M 后，由式(5-11)得 x_{iB}，由式(5-10)得 x_{iA}：

$$x_{iB} = \frac{x_{if}}{1+M(K_i-1)}$$

$$x_{iA} = K_i x_{iB}$$

(3) 判据

若 $\left| \dfrac{\gamma_{iA} x_{iA}}{\gamma_{iB} x_{iB}} \right| - 1 \leqslant \varepsilon$

则得计算结果,若不满足,则由上面求出的 x_{iA}、x_{iB} 求出 K_3,反复迭代,直至满足判据要求。

3. 实验装置

三元液液平衡数据的测定实验装置主要由加热装置、温度控制器和搅拌器等组成,如图 5-6 所示。

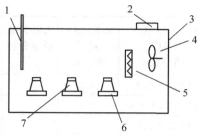

图 5-6　实验恒温装置图

1—导体温度计;2—恒温控制器;3—恒温箱;
4—风扇;5—电加热器;6—电磁搅拌器;
7—三角烧瓶

4. 实验步骤及方法

(1)实验步骤

测定平衡联结线:根据相图,配制在部分互溶区的三元溶液约 30 g,预先计算称取各组分的质量,用密度估计其毫升数。取一干燥的 100 mL 三角瓶,用分析天平称取质量,然后加入醋酸、水、醋酸乙烯后分别称重,计算出三元溶液的浓度。将此盛有部分互溶液的三角瓶放入已调节至 25 ℃ 的恒温箱,用电磁搅拌 20 min,静止恒温 10～15 min,使其溶液分层达到平衡。将已静止分层的三角瓶从恒温箱中取出,用针筒分别取油层及水层,分别利用酸碱中和法分析其中的醋酸含量,由溶解度曲线查出另一组成,于是就可算出第三组分的组成。

(2)醋酸、醋酸乙烯和去离子水,它们的物理常数见表 5-3。

表 5-3　醋酸、醋酸乙烯和去离子水的物理常数

药品名	沸点/℃	密度 ρ/(g/cm³)
醋酸	118	1.049
醋酸乙烯	72.5	0.931 2
水	100	0.997

(3)溶解度曲线绘制

① 在三角形相图中,将表 5-4 中给出的醋酸-水-醋酸乙烯三元体系的溶解度数据作成光滑的溶解度曲线,将测得的数据标绘在图上。

表 5-4　HAc-H₂O-VAc 三元系液液平衡溶解度数据表(298 K)

序号	HAc	H₂O	VAc	序号	HAc	H₂O	VAc
1	0.05	0.017	0.933	7	0.35	0.504	0.146
2	0.1	0.034	0.866	8	0.3	0.605	0.095
3	0.15	0.055	0.795	9	0.25	0.68	0.07
4	0.2	0.081	0.719	10	0.2	0.747	0.053
5	0.25	0.121	0.629	11	0.15	0.806	0.044
6	0.3	0.185	0.515	12	0.1	0.863	0.037

② 将温度、溶液中 HAc、H₂O、VAc 质量分数输入计算机,得出两液相的计算值(以摩尔分率表示)与实验值(以摩尔分率表示)进行比较。

5. 实验记录与数据处理

H_2O-HAC-VAC 质量比	水层 NaOH 滴定量/mL	水层 HAC 质量分数/%	水层水质量分数/%	水层 VAC 质量分数/%	油层 NaOH 滴定量/mL	油层 HAC 质量分数/%	油层水质量分数/%	油层 VAC 质量分数/%
0.3∶0.3∶0.4								
0.3∶0.25∶0.45								
0.3∶0.2∶0.5								
0.3∶0.15∶0.55								
0.3∶0.1∶0.6								
0.3∶0.05∶0.65								
0.45∶0.3∶0.25								
0.45∶0.25∶0.3								
0.45∶0.2∶0.35								
0.45∶0.15∶0.4								
0.45∶0.1∶0.45								
0.45∶0.05∶0.5								

6. 实验报告

（1）简述实验目的、任务及实验原理。
（2）记录实验过程的原始数据（实验数据记录表）。
（3）绘制平衡曲线。
（4）测定三元汽液相平衡数据。
（5）绘制平衡联结线。
（6）实验结果分析与讨论。

7. 思考题

（1）什么是平衡联结线？
（2）三元相图的表示方法有哪些？各有哪些区别？

5.4 二元系统汽液平衡数据测定实验（实验四）

1. 实验目的

（1）掌握二元体系汽液相平衡数据的测定方法；
（2）了解平衡釜的测定大气压力下 $pTXY$ 数据方法；

（3）掌握用阿贝折光仪分析组成的方法。

2. 实验原理

汽液平衡数据是蒸馏、吸收过程开发和设备设计的重要基础数据，此数据对提供最佳化的操作条件，减少能源消耗和降低成本等，都具有重要的意义。尽管有许多体系的平衡数据可以从资料中找到，但这往往是在特定温度和压力下的数据。随着科学的迅速发展，以及新产品、新工艺的开发，许多物系的平衡数据还未经前人测定过，这都需要通过实验测定以满足工程计算的需要。此外，在溶液理论研究中提出了各种各样描述溶液内部分子间相互作用的模型，准确的平衡数据还是对这些模型的可靠性进行检验的重要依据。

汽液平衡数据的实验测定是在一定温度压力下，在已建立汽液相平衡的体系中，分别取出汽相和液相样品，测定其浓度。本实验采用的是最广泛使用的循环法，平衡装置利用 Rose 釜，所测定的体系为乙醇-环己烷。样品分析采用折光法。

汽液平衡数据包括 $T\text{-}p\text{-}X_i\text{-}Y_i$。对部分理想体系达到汽液平衡时，有以下关系式：

$$Y_i p = \gamma_i X_i p_{is}$$

将实验测得的 $T\text{-}p\text{-}X_i\text{-}Y_i$ 数据代入上式，计算出实测的 X_i 与 γ_i 数据，利用 X_i 与 γ_i 关系式（Van Laar Eq. 或 Wilson Eq. 等）关联确定方程中参数。根据所得的参数可计算不同浓度下的汽液平衡数据、推算共沸点及进行热力学一致性检验。

当达到平衡时，除了两相的压力和温度分别相等外，每一组分的化学位也相等，即逸度相等，其热力学基本关系为：

$$f_i^L = f_i^V$$
$$\varphi_i p y_i = \gamma_i f_i^0 x_i$$

常压下，气相可视为理想气体，再忽略压力对液体逸度的影响，$f_i = p_i^0$，从而得出低压下气液平衡关系为：

$$p y_i = \gamma_i p_i^s x_i$$

式中　p——体系压力（总压）；

p_i^s——纯组分 i 在平衡温度下饱和蒸汽压，可用安托因方程计算；

x_i、y_i——分别为组分 i 在液相和气相中的摩尔分率；

γ_i——组分 i 的活度系数。

由实验测得等压下气液平衡数据，则可用下式计算出不同组成下的活度系数。

$$\gamma_i = \frac{p y_i}{x_i p_i^s}$$

式中，p_i^s 由安托因方程计算，其形式：

$$\lg p_1^s = 8.112\,0 - \frac{1\,592.864}{T + 226.184}$$

$$\lg p_2^s = 6.851\,46 - \frac{1\,206.470}{T + 223.136}$$

式中，p_1^s 和 p_2^s（mmHg），T（℃）。

实验中活度系数和组成关系采用 Wilson 方程关联。Wilson 方程为：

$$\ln \gamma_1 = -\ln(x_1 + A_{12}x_2) + x_2\left(\frac{A_{12}}{x_1 + A_{12}x_2} - \frac{A_{21}}{x_2 + A_{21x_1}}\right)$$

$$\ln \gamma_2 = -\ln(x_2 + A_{21}x_1) + x_1\left(\frac{A_{21}}{x_2 + A_{21}x_1} - \frac{A_{12}}{x_1 + A_{12}x_2}\right)$$

Wilson 方程二元配偶参数 A_{12} 和 A_{21} 采用非线形最小二乘法，由二元气液平衡数据回归而得。

由得到的活度系数 γ_1 和 γ_2，也可由 Van Laar 方程计算方程中参数。

Van Laar 方程参数，由下式计算：

$$A_{12} = \ln \gamma_1 \left(1 + \frac{x_2 \ln \gamma_2}{x_1 \ln \gamma_1}\right)^2$$

$$A_{21} = \ln \gamma_2 \left(1 + \frac{x_1 \ln \gamma_1}{x_2 \ln \gamma_2}\right)^2$$

用 Van Laar 方程或 Wilson 方程，计算一系列的 $x_1 \gamma_1$，$x_2 \gamma_2$ 数据，计算 $\ln \gamma_1 \sim x_2$，$\ln \gamma_2 \sim x_1$ 和 $\ln \frac{\gamma_1}{\gamma_2} \sim x_1$ 数据，绘出 $\ln \frac{\gamma_1}{\gamma_2} \sim x_1$ 曲线，用 Gibbs-Duhem 方程对所得数据进行热力学一致性检验。其中 Van Laar 方程形式如下：

$$\ln \gamma_1 = \frac{A_{12}}{\left(1 + \frac{A_{12}x_1}{A_{21}x_2}\right)^2}, \quad \ln \gamma_2 = \frac{A_{21}}{\left(1 + \frac{A_{21}x_2}{A_{12}x_1}\right)^2}$$

3. 实验装置

二元系统汽液平衡数据测定实验装置如图 5-7 所示。

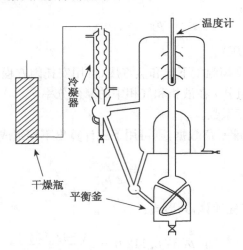

图 5-7　实验装置图

4. 实验步骤

(1) 制作乙醇—环己烷溶液折光系数与组成关系工作曲线：

① 配制不同浓度的乙醇(1)—环己烷(2)溶液(摩尔浓度 x_1 为 0.1，0.2，0.3，…，0.9)；

② 测量不同浓度的乙醇(1)—环己烷(2)溶液在 30℃下的折光系数，得到一系列 $x_1 \sim n_D$ 数据；

③ 将 $x_1 \sim n_D$ 数据关联回归，得到如下方程：

$$x_1 = -0.747\,44 + \frac{[0.001\,470\,5 + 0.102\,61 \times (1.421\,3 - n_D)]^{0.5}}{0.051\,305}$$

(2) 开恒温浴折光仪系统，调节水温到 30 ± 0.1 ℃(折光仪的原理及使用方法见附录)。

(3) 接通平衡釜冷凝器冷却水，关闭平衡釜下部阀门。向釜中加入乙醇环己烷溶液(加到釜的刻度线，液相口能取到样品)。

(4) 接通电源，调节加热电压，注意釜内状态。当釜内液体沸腾，并稳定以后，调节加热电压使冷凝管末端流下的冷凝液为 80 滴/分左右。

(5) 当沸腾温度稳定，冷凝液流量稳定(80 滴/分左右)，并保持 30 min 以后，认为汽液平衡已经建立。此时沸腾温度为汽液平衡温度。由于测定时平衡釜直接通大气，平衡压力为实验时的大气压。用福廷式水银压力计，读取大气压。

(6) 同时从汽相口和液相口取汽液二相样品，取样前应先放掉少量残留在取样考克中的试剂，取样后要盖紧瓶盖，防止样品挥发。

(7) 测量样品的折光系数，每个样品测量二次，每次读数二次，四个数据的平均偏差应小于 0.000 2，按四数据的平均值，根据式 $x_1 \sim n_D$ 数据关联回归方程，计算汽相或液相样品的组成。

(8) 改变釜中溶液组成(添加纯乙醇或纯环己烷)，重复步骤(4)~(8)，进行第二组数据测定。

5. 实验记录与数据处理

平衡釜操作记录

实验时间_____　　室温_____℃　　大气压_____

序号	投料量	时间	釜加热电压/V	平衡釜温度/℃	冷凝液滴速	现象

折光系数测定及平衡数据计算结果

测量温度_____℃

序号	气相样品折光系数 n_D					液相样品折光系数 n_D					平衡组成	
	1	2	3	4	平均	1	2	3	4	平均	气相	液相

6. 实验报告

（1）简述实验的目的、装置及方法。

（2）记录实验数据。

（3）根据数据分析,计算出相平衡数据。

（4）实验结果讨论。

7. 思考题

（1）什么是热力学一致性检验?

（2）什么是相平衡方程? 请举例说明相平衡方程的计算。

5.5 液液平衡曲线测定实验(实验五)

1. 实验目的

（1）熟悉用三角形相图表示三组分体系组成的方法,掌握用浊点法和平衡釜法测定液-液平衡数据的原理;

（2）熟悉溶解度曲线、平衡结线和三角形相图的绘制。

2. 实验原理

液液萃取是化工过程中一种重要的分离方法,它在节能上的优越性尤其显著。液液相平衡数据是萃取过程设计及操作的主要依据。平衡数据的获得主要依赖于实验测定。

（1）三角形相图

设等边三角形三个顶点分别代表纯物质 A、B 和 C(图 5-8),则 AB、BC 和 CA 三条边分别代表($A+B$)、($B+C$)和($C+A$)三个二组分体系,而三角形内部各点相当于三组分体系。将三角形的每一边分成 100 等分,通过三角形内部任何一点 O 引平行于各边的直线 a、b 和 c,根据几何原理,$a+b+c=AB=BC=CA=100\%$,或 $a'+b'+c'=AB=BC=CA=100\%$,因此 O 点的组成可由 a'、b'、c' 表示,即 O 点所代表的三个组分的%组成为,$B\%=$

b'，$A\% = a'$，$C\% = c'$。要确定 O 点的 B 组成，只需通过 O 点作出与 B 的对边 AC 的平行线，割 AB 边于 D，AD 线段长度即相当于 $B\%$，余可类推。如果已知三组分混合物的任何二个 ％组成，只须作两条平行线，其交点就是被测体系的组成点。

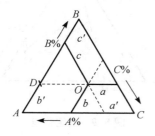 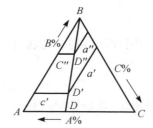 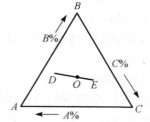

图 5-8　等边三角形图

等边三角形图还有以下两个特点：

① 通过任一顶点 B 向其对边引直线 BD，则 BD 线上的各点所代表的组成中，A、C 两个组分含量的比值保持不变。这可由三角形相似原理得到证明，即

$$a'/c' = a''/c'' = A\%/C\% = 常数$$

② 如果有两个三组分体系 D 和 E，将其混合后，其组成点必位于 D、E 两点之间的连线上，例如为 O，根据杠杆规则：

$$E(质量)/D(质量) = DO\ 之长\ /EO\ 之长$$

（2）环己烷—水—乙醇三组分体系液-液平衡相图测定方法

环己烷—水—乙醇三组分体系中，环己烷与水是不互溶的，而乙醇与水及乙醇与环己烷都是互溶的。在环己烷与水体系中加入乙醇可促使环己烷与水互溶。由于乙醇在环己烷层与水层中非等量分配，代表二层浓度的 a，b 点连线并不一定和底边平行（见图 5-9）。设加入乙醇后体系的总组成点为 c，平衡共存的二相叫共轭溶液，其组成由通过 c 的直线上的 a，b 两点表示。图中曲线以下的部分为二相共存区，其余部分为单相（均相）。

① 液-液分层线的绘制

（a）浊点法　现有一环己烷与水二组分体系，其组成为 K，在其中逐渐加入乙醇，则体系总组成的沿 K-B 变化（环己烷与水的比例保持不变），当组成点在曲线以下的区域内，体系为互不混溶的两共轭相，震荡时则出现浑浊状态。继续滴加乙醇直到曲线上的 d 点，体系发生一突变，溶液由二相变为一相，外观由浑浊变清。补加少量乙醇到 e 点，体系仍为单相。再向溶液中逐渐加入水，体系总组成点将沿 e-c 变化（环己烷与乙醇的比例保持不变），直到曲线上的 f 点，体系又发生一突变，溶液由单相变为二相，外观由清变浑浊。补加少量水到 g 点，体系仍为二相。如此体系再加入乙醇，可获得 h 点，如此反复进行。用上述方法可依次得到 d、f、h、j 等位于液-液平衡线上的点，将这些点连接即得到一曲线，就是单相区和二相区的分界线——液-液分层线。

（b）平衡釜法

按一定的比例向一液-液平衡釜中加入环己烷、水和乙醇三组分，恒温下搅拌若干分钟，静置、恒温和分层。取上下二层清液分析其组成，得第一组平衡数据；再补加乙醇，重复上述步骤,进行第二组平衡数据测定……由此得到一系列二液相的平衡线(类似图 5-9 中,线 acb),将各平衡线的端点相连,就获得液-液分层线。

② 结线的绘制

(a) 浊点法

根据溶液的清浊变换和杠杆规则计算得到。此法误差较大。

(b) 平衡釜法

由①(b)中得到的二液相的平衡线,就是平衡共存二液相组成点的连线——结线。

(3) 分配系数

在三元液液平衡体系中,若两相中溶质 A 的分子不变化,则 A 的分配系数定义为

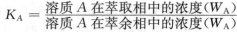

图 5-9　滴定路线

$$K_A = \frac{\text{溶质 } A \text{ 在萃取相中的浓度}(W_A)}{\text{溶质 } A \text{ 在萃余相中的浓度}(W_A)}$$

选择性系数可定义为

$$\beta_{12} = \frac{\text{萃取相中 1 组分(溶剂水)与 2 组分(溶剂环己烷)的浓度比}}{\text{萃余相中 1 组分(溶剂)与 2 组分(溶剂)的浓度比}}$$

虽然在三元液液平衡体系,溶剂和溶质可能是相对的,但在具体的工业过程中,溶质和溶剂则是确定的,在本实验中,我们不妨把乙醇看作溶质,而把水和环己烷看作溶剂 1 和溶剂 2,水相便是萃取相、油相便是萃余相(在这里水是萃取剂)。

3. 实验仪器设备及装置图

(1) 仪器与试剂

液液平衡釜、超级恒温水浴、电磁搅拌器、气相色谱仪(配色谱工作站)、精密天平、玻璃温度计(0~100℃),酸式滴定管(50 mL 二支),刻度移液管(1 mL,2 mL),锥形瓶(250 mL),注射器(10 mL 三支)等。

乙醇(分析纯)、环己烷(分析纯)和蒸馏水。

(2) 实验装置图

液-液平衡曲线测定实验装置如图 5-10 所示。

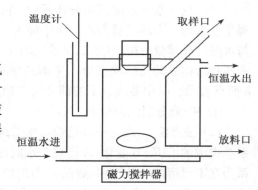

图 5-10　液-液平衡釜

4. 实验步骤

(1) 开启气相色谱仪,调定色谱条件,作好分析准备。

(2) 浊点法测液-液分层线。

用干燥移液管取环己烷 2 mL,水 0.1 mL 放入 250 mL 干燥的锥形瓶中(注意不使液滴沾在瓶内壁上),向二支滴定管分别加入 20 mL 乙醇和 30 mL 水。用滴定管向锥形瓶中缓

慢滴加乙醇（边加边摇动锥形瓶），至溶液恰由浊变清时，记下加入乙醇的 mL 数。于此溶液中再补加乙醇 0.5 mL，再用滴定管向锥形瓶中缓慢滴加水（边加边摇动锥形瓶），至溶液恰由清变浊时，记下加入水的 mL 数。按表 5-5 所给数字加水，如此反复进行实验，直至表 5-5 中 10 组数据测完。滴定时要充分摇动，但要避免液滴沾在瓶壁上。

（3）平衡釜法测定液-液平衡数据

用注射器向干燥的液-液平衡釜中加入水、乙醇和环己烷各 10 mL（用精密天平准确称量），开启恒温水浴，调节到实验温度，并向平衡釜恒温水套通入恒温水（测定室温下平衡数据可不用恒温浴）。开启电磁搅拌器，搅拌 20～30 min，静置 30 min，分层，取上层和下层样品进行色谱分析。（注意：可用微型注射器，由上取样口直接取上、下二层样品。取样前，微型注射器要用样品本身清洗 5～6 次。）补加乙醇 5 mL 重复上述步骤，测第二组数据。如时间许可，可再加 5 mL 乙醇测第三组数据。有关数据记录于表 5-6。

5. 实验数据记录

实验数据记录按表 5-5、表 5-6 列出。

表 5-5 浊点滴定法测液-液分层线

室温_____   大气压_____

编号	体积（mL）					质量(g)				质量分数			终点记录
	环己烷（合计）	水		乙醇		环己烷	水	乙醇	合计	环己烷	水	乙醇	
		新加	合计	新加	合计								
1	2	0.1											清
2	2			0.5									浊
3	2	0.2											清
4	2			0.9									浊
5	2	0.6											清
6	2			1.5									浊
7	2	1.5											清
8	2			3.5									浊
9	2	4.5											清
10	2			7.5									浊

表 5-6 平衡釜法测定液-液平衡数据结果

实验温度_____

序号	加料量(g)				总组成(质量分数)			上层组成(质量分数)			下层组成(质量分数)		
	环己烷	水	乙醇	合计	环己烷	水	乙醇	环己烷	水	乙醇	环己烷	水	乙醇
1													
2													
3													

表 5-7　水、乙醇、环己烷密度数据(g/mL)

温度(℃)	水	乙醇	环己烷
10	0.999 7	0.797 9	0.787
20	0.998 2	0.789 5	0.779
30	0.995 7	0.781 0	0.770

6. 实验中注意事项

(1) 滴定管要干燥而洁净,下活塞不能漏液。放水或乙醇时,滴速不可过慢,但也不能快到连续滴下。锥形瓶要干净,加料和振荡后内壁不能挂液珠。

(2) 用水(或乙醇)滴定时如超过终点,可用乙醇(或水)回滴几滴恢复。记下各试剂实际用量。在作最后几点时(环己烷含量较少)终点是逐渐变化,需滴至出现明显浑浊,才停止滴加。

(3) 平衡釜搅拌速度应适当,要保持二液层上下完全混合。但也不能过分激烈,以免形成乳化液,引起分层困难。用微型注射器取样时,要用样品本身将微型注射器清洗数次。

7. 实验数据整理

(1) 简述实验目的、实验原理。

(2) 简述实验仪器、试剂、操作步骤。

(3) 详细记录实验数据并将实验记录列表。

① 将终点时溶液中各组分的体积,根据其密度(表 5-7)换算成质量,求出其质量百分组成。

② 将表 5-5 所得结果在三角坐标图上标出,连成一平滑曲线(液-液分层线),并与附录 6 中文献数据得到的结果比较。将此曲线用虚线外延到三角形的二个顶点(100%水和 100%环己烷点)。因为室温下,水与环己烷可看成完全不互溶的。

③ 按表 5-6 中实验数据及色谱分析结果,计算出总组成、上层组成和下层组成,计算结果填入表 5-6,并标入上述三角坐标图上。上层和下层组成点应在液液分层线上,总组成点、上层组成点和下层组成点应在同一条直线上。

(4) 根据附录数据,在三角形相图上绘出乙醇—环己烷—水三元物系的溶解度曲线,把自己测得的数据在图上标出。

(5) 实验结果讨论与分析。

8. 思考题

(1) 体系总组成点在曲线内与曲线外时,相数有何不同?

(2) 用相律说明,当温度和压力恒定时,单相区和二相区的自由度各是多少?

(3) 使用的锥形瓶为什么要预先干燥?

(4) 用水或乙醇滴定至清或浊以后,为什么还要加入过剩量?过剩对实验结果有何影响?

5.6　固体小球对流传热系数测定实验(实验六)

1. 实验目的

(1) 掌握对流传热系数测定的方法和原理;
(2) 了解非定常态导热的特点以及毕奥准数(Bi)的物理意义;
(3) 熟悉流化床和固定床的操作特点。

2. 实验原理

工程上经常遇到流体宏观运动将热量传给壁面或者由壁面将热量传给流体的过程,此过程通常称为对流传热(或对流给热)。显然流体的物性以及流体的流动状态还有周围的环境都会影响对流传热。了解与测定各种环境下的对流传热系数具有重要的实际意义。

自然界和工程上,热量传递的机理有传导、对流和辐射。传热时可能有几种机理同时存在,也可能以某种机理为主,不同的机理对应不同的传热方式或规律。当物体中有温差存在时,热量将由高温处向低温处传递,物质的导热性主要是分子传递现象的表现。

通过对导热的研究,傅里叶提出:

$$q_y = \frac{Q_y}{A} = -\lambda \frac{dT}{dy} \tag{5-13}$$

式中　$\dfrac{dT}{dy}$——y 方向上的温度梯度,K/m。

式(5-13)称为傅里叶定律,表明导热通量与温度梯度成正比。负号表明,导热方向与温度梯度的方向相反。

金属的导热系数比非金属的大得多,大致在 $50 \sim 415 \mathrm{W/(m \cdot K)}$。纯金属的导热系数随温度升高而减小,合金则相反,但纯金属的导热系数通常高于由其所组成的合金。本实验中,小球材料的选取对实验结果有重要影响。

热对流是流体相对于固体表面做宏观运动时,引起的微团尺度上的热量传递过程。事实上,它必然伴随有流体微团间以及与固体壁面间的接触导热,因而是微观分子热传导和宏观微团热对流两者的综合过程。具有宏观尺度上的运动是热对流的实质。流动状态(层流和湍流)的不同,传热机理也就不同。

牛顿提出对流传热规律的基本定律——牛顿冷却定律:

$$Q = qA = \alpha A(T_w - T_f) \tag{5-14}$$

α 并非物性常数,其取决于系统的物性因素、几何因素和流动因素,通常由实验来测定。本实验测定的是小球在不同环境和流动状态下的对流传热系数。

强制对流较自然对流传热效果好,湍流较层流的对流传热系数要大。

热辐射是当温度不同的物体,以电磁波形式,辐射出具有一定波长的光子,当被相互吸收后所发生的换热过程。热辐射与热传导、热对流的换热规律有着显著的差别,热传导与对流传热速率都正比于温度差,而与冷热物体本身的温度高低无关。热辐射则不然,即使温差相同,还与两物体绝对温度的高低有关。本实验尽量避免热辐射传热对实验结果带来误差。

物体的突然加热和冷却过程属非定常导热过程。此时导热物体内的温度,既是空间位置又是时间的函数,即 $T = f(x, y, z, t)$。物体在导热介质的加热或冷却过程中,导热速率同时取决于物体内部的导热热阻以及与环境间的外部对流热阻。为了简化,不少问题可以忽略两者之一进行处理。然而能否简化,需要确定一个判据。通常定义量纲为 1 准数毕奥数(Bi),即物体内部导热热阻与物体外部对流热阻之比进行判断。

$$Bi = \frac{内部导热热阻}{外部对流热阻} = \frac{\delta/\lambda}{1/\alpha} = \frac{\alpha V}{\lambda A} \tag{5-15}$$

式中,$\delta = \dfrac{V}{A}$ 为特征尺寸,对于球体为 $R/3$。

若 Bi 数很小,$\dfrac{\delta}{\lambda} \ll \dfrac{1}{\alpha}$,表明内部导热热阻≪外部对流热阻,此时,可忽略内部导热热阻,可简化为整个物体的温度均匀一致,使温度仅为时间的函数,即 $T = f(t)$。这种将系统简化为均一性质进行处理的方法,称为集总参数法。实验表明,只要 $Bi < 0.1$,忽略内部热阻进行计算,其误差不大于 5%,通常为工程计算所允许。

将一直径为 d_s、温度为 T_0 的小钢球,置于温度为恒定 T_f 的周围环境中,若 $T_0 > T_f$,小球的瞬时温度 T,随着时间 t 的增加而减小。根据热平衡原理,球体热量随时间的变化应等于通过对流换热向周围环境的散热速率。

$$-\rho c V \frac{\mathrm{d}T}{\mathrm{d}t} = \alpha A (T - T_f) \tag{5-16}$$

$$\frac{\mathrm{d}(T - T_f)}{(T - T_f)} = -\frac{\alpha A}{\rho c V} \mathrm{d}t \tag{5-17}$$

初始条件:$t = 0$,$T - T_f = T_0 - T_f$

积分式(5-17)得:

$$\int_{T_0 - T_f}^{T - T_f} \frac{\mathrm{d}(T - T_f)}{T - T_f} = -\frac{\alpha A}{\rho c V} \int_0^t \mathrm{d}t$$

$$\frac{T - T_f}{T_0 - T_f} = \exp\left(-\frac{\alpha A}{\rho c V} \cdot t\right) = \exp(-Bi \cdot Fo) \tag{5-18}$$

$$Fo = \frac{\lambda t}{c\rho \left(\dfrac{V}{A}\right)^2} \tag{5-19}$$

定义时间常数 $\tau = \dfrac{\rho c V}{\alpha A}$,分析式(5-18)可知,当物体与环境间的热交换经历了 4 倍于时间常数的时间后,即 $t = 4\tau$,可得:

$$\frac{T - T_f}{T_0 - T_f} = \mathrm{e}^{-4} = 0.018$$

表明过余温度 $T-T_f$ 的变化已达 98.2%，以后的变化仅剩 1.8%，对工程计算来说，往后可近似做定常数处理。

对小球 $\dfrac{V}{A}=\dfrac{R}{3}=\dfrac{d_s}{6}$ 代入式(5-18)整理得：

$$\alpha=\frac{\rho c d_s}{6}\cdot\frac{1}{t}\ln\frac{T_0-T_f}{T-T_f} \tag{5-20}$$

或

$$Nu=\frac{\alpha d_s}{\lambda}=\frac{\rho c d_s^2}{6\lambda}\cdot\frac{1}{t}\ln\frac{T_0-T_f}{T-T_f} \tag{5-21}$$

通过实验可测得钢球在不同环境和流动状态下的冷却曲线，由温度记录仪记下 $T\text{-}t$ 的关系，就可由式(5-20)和式(5-21)求出相应的 α 和 Nu 的值。

对于气体在 $20<Re<180\,000$，即高 Re 数下，绕球换热的经验式为

$$Nu=\frac{\alpha d_s}{\lambda}=0.37\,Re^{0.6}\,Pr^{\frac{1}{3}} \tag{5-22}$$

若在静止流体中换热：$Nu=2$。

3. 实验装置

固体小球对流传热系数测定实验装置主要由加热炉、反应器和钢球等组成，如图 5-11 所示。

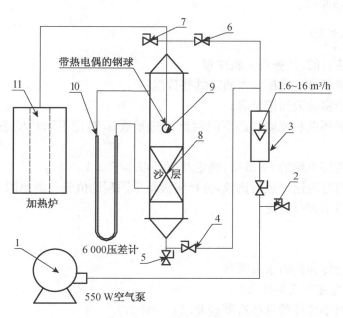

图 5-11 固体小球对流传热系数的测定实验装置流程图

1—风机；2—放空阀；3—转子流量计；4、5、6、7—管路调节阀；
8—砂粒床层反应器；9—带嵌装热电偶的钢球；10—反应器压差计；
11—管式加热炉

4. 实验步骤及方法

(1) 测定小钢球的直径 d_s 为 16 mm。

(2) 打开管式加热炉的加热电源,调节加热温度至 400～500℃。

(3) 将嵌有热电偶的小钢球悬挂在加热炉中,并打开温度记录仪,从温度记录仪上观察钢球温度的变化。当温度升至 400℃时,迅速取出钢球,放在不同的环境条件下进行实验,钢球的温度随时间变化的关系由温度记录仪记录。

(4) 装置运行的环境条件有:自然对流,强制对流,固定床和流化床。流动状态有:层流和湍流。

(5) 自然对流实验:将加热好的钢球迅速取出,置于大气当中,尽量减少钢球附近的大气扰动,记录下冷却曲线。

(6) 强制对流实验:打开实验装置上的 1、5 阀,关闭 4、6、7 阀,开启风机,调节阀 6 和阀 2,调节空气流量达到实验所需值。迅速取出加热好的钢球,置于反应器中的空塔身中,记录下空气的流量和冷却曲线。

(7) 固定床实验:将加热好的钢球置于反应器中的砂粒层中,其他操作同(6),记录下空气的流量,反应器的压降和冷却曲线。

(8) 流化床实验:打开 2、7 阀,关闭 4、5、6 阀,开启风机,调节阀 4 和阀 2,调节空气流量达到实验所需值。将加热好的钢球迅速置于反应器中的流化层中,记录下空气的流量,反应器的压降和冷却曲线。

5. 实验数据处理

(1) 简述实验目的、任务及实验原理。

(2) 实验需查找哪些数据? 需测定哪些数据?

(3) 设计原始实验数据记录表。

(4) 计算不同环境和流动状态下的对流传热系数 α,对比不同环境条件下的对流传热系数。

(5) 计算实验用小球的 Bi 准数,确定其值是否小于 0.1。

(6) 将实验值与理论值进行比较,分析实验结果同理论值偏差的原因。

(7) 对实验结果进行讨论。

6. 思考题

(1) 影响热量传递的因素有哪些?

(2) Bi 数的物理含义是什么?

(3) 本实验对小球体的选择有哪些要求? 为什么?

(4) 本实验加热炉的温度为何要控制在 400～500℃? 太高或太低有何影响?

(5) 自然对流条件下实验要注意哪些问题?

(6) 每次实验的时间需要多长? 应如何判断实验结束?

第6章 化学反应工程实验

化学反应工程实验是化学反应工程与工艺学科一个重要的实践环节,有助于相关专业学生对《化学反应工程》相关知识的巩固和掌握,加深对化学反应工程专业知识的理解与运用,学习并掌握各种仪器设备的安装、校正、使用,熟悉化学反应工程中所学的原理,培养学生掌握专业实验技能和实验研究方法。本章要求学生重点掌握催化剂的制备、成型、孔径分布和比表面积测定的方法,不同反应器反应停留时间的测定,气固相反应流量、温度对反应的影响,反应动力学的测定等基础知识,为以后的工作和学习打下坚实的基础。

6.1 沸石催化剂的制备实验(实验七)

1. 实验目的

(1) 掌握离子交换法制备 Y 型沸石催化剂的原理及方法。
(2) 掌握催化剂挤条成型的方法。
(3) 掌握焙烧的原理和作用。

2. 实验原理

沸石也称分子筛,是一类重要的无机微孔材料,具有优异的择形催化、酸性催化、吸附分离和离子交换能力,在炼油和石油化工中的干燥、吸附及催化裂化、异构化、烷基化等很多反应中广泛应用。它还能与某些贵金属组分结合组成多功能催化剂。

沸石是结晶型的硅铝酸盐,具有均一的孔隙结构,其化学组成可表示为

$$Me_{\frac{x}{n}} \left[(AlO_2)_x (SiO_2)_y \right] \cdot mH_2O$$

其中,Me 为金属阳离子,n 为金属阳离子价数,x 为铝原子数,y 为硅原子数,m 为结晶水的分子数。

分子筛的基本结构单位是硅氧和铝氧四面体,四面体通过氧原子相互连接可形成环,环上的四面体再通过氧桥相互连接,可构成三维骨架的孔穴(或称笼),在分子筛的晶体结构中,含有许多形状整齐的多面体笼,不同结构的笼再通过氧桥相互联结形成各种不同结构的分子筛。

常规的沸石分子筛合成方法为水热晶化法,即将原料按照适当比例均匀混合成反应凝胶,密封于水热反应釜中,恒温热处理一段时间,晶化出分子筛产品。反应凝胶多为四元组分体系,可表示为 R_2O - Al_2O_3 - SiO_2 - H_2O,其中 R_2O 可以是 NaOH、KOH 或有机胺等,提供分子

筛晶化必要的碱性环境或者结构导向剂,硅和铝元素的提供可选择多种的硅源和铝源,例如硅溶胶、硅酸钠、正硅酸乙酯、硫酸铝和铝酸钠等。反应凝胶的配比、硅源、铝源和 R_2O 的种类以及晶化温度等对沸石分子筛产物的结晶类型、结晶度和硅铝比都有重要的影响。

沸石催化剂属于固体酸催化剂,它的酸性来源于交换态铵离子的分解、氢离子交换或者是所包含的多价阳离子在脱水时的水解。由于合成分子筛的基本型是 Na 型分子筛,它不显酸性,为产生固体酸性,必须将多价阳离子或氢质子引入晶格中,所以制备沸石催化剂往往要进行离子交换。同时,通过这种交换,还可以改进分子筛的催化性能,从而获得更广泛的应用。

本实验即通过离子交换法制备 HY 型沸石催化剂。

Y 型沸石是目前广泛应用的沸石类型,其结构类似于金刚石的密堆立方晶系结构。若以 β 笼代替金刚石的碳原子结点,相邻的两个 β 笼通过六方柱笼联结,就形成一个超笼,即八面沸石型的晶体结构(图 6-1),多个这种结构继续连接下去,就得到 Y 型分子筛结构。其主要通道孔径约 $0.8 \sim 0.9$ nm,Si/Al 物质的量之比为 $1.5 \sim 3.0$。在八面沸石型分子筛晶胞结构中,阳离子的分布有三种优先占住的位置,即位于六方柱笼中心的 S_I,位于 β 笼的六圆环中心的 S_{II},和位于八面沸石笼中靠近 β 笼的四元环上的 S_{III}。

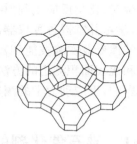

图 6-1 八面沸石型分子筛

HY 型沸石催化剂的制备过程主要由以下几步组成:

$$NaY \longrightarrow 离子交换 \longrightarrow 洗涤过滤 \longrightarrow 干燥 \longrightarrow 成型 \longrightarrow 焙烧 \longrightarrow 成品$$

(1)离子交换

分子筛的离子交换反应一般在水溶液中进行,常用酸或铵盐进行交换,酸交换通常可用无机酸(HCl、H_2SO_4、HNO_3),或有机酸(醋酸、酒石酸等)。本实验采用无机酸 HCl 进行交换时的反应式表示如下:

$$NaY + HCl \Longleftrightarrow HY + NaCl$$

酸交换时,沸石晶格上的铝也能被 H^+ 取代成为脱铝沸石,其催化性能会发生变化,具有特殊的催化性能,常用于加氢反应、异构化反应、烷基化反应、酯化反应等反应中。

铵交换就是用铵盐溶液对 NaY 进行离子交换,交换时不会脱铝。采用 NH_4Cl 溶液进行交换时,反应式表示如下:

$$NaY + NH_4Cl \Longleftrightarrow NH_4Y + NaCl$$

制备的 NH_4Y 在 $300 \sim 500℃$ 下焙烧一定时间,即可转变成具有酸性性能的 HY 型分子筛。反应式表示如下:

$$NH_4Y \xrightarrow[\triangle]{300 \sim 500℃} HY + NH_3$$

离子交换反应是可逆反应,故交换过程也是可逆的,所以必须进行多次离子交换才能达到一定的交换度。溶液的浓度、交换温度、交换次数、交换时间等因素均对钠离子的交换率有影响。另外,在离子交换过程中,位于小笼中的钠离子一般很难被交换出来,可通过中间焙烧,使残留的 Na⁺ 重新分布,移入易交换的位置,然后再用铵溶液交换,这样可以大大提高离子交换度。

(2) 成型

工业上使用的催化剂,大多具有一定的形状和尺寸。常用的球状、柱状、粒状、条状、中空状、环状等。成型方法包括压片成型、挤条成型、油中成型、喷雾成型、转动成型等方法。成型过程中需要加入粘接剂,常用的粘接剂有田菁粉、干淀粉、氧化铝等。本实验采用挤条成型法,以田菁粉为粘接剂。通过离子交换干燥后的 NH_4Y 分子筛系粉末状,加入一定量的粘接剂,当分子筛粉末和粘接剂充分混合均匀后,再捏和充分使分子筛和粘接剂紧密掺和,然后采用挤条机挤条成型,本实验采用螺杆机成型。

(3) 焙烧

焙烧是催化剂具有一定活性的不可缺少的步骤。把干燥过的催化剂在不低于反应温度下进行焙烧,可以脱去水分,得到所需的活性组分,并且催化剂获得一定的晶型、晶粒大小、孔结构和比表面,同时保持催化剂的稳定性和增强催化剂的机械强度。

用铵盐交换得到的铵型 Y 型沸石,当加热处理时,铵型变氢型。如将温度进一步提高,则可进一步脱水,出现路易斯酸中心。

对制备的分子筛吡啶红外光谱表征,文献研究表明,在 3 540 cm⁻¹ 和 3 643 cm⁻¹ 处出现 OH 带,其峰强度随处理温度的变化;若在该峰出峰位置,吸附吡啶导致带消失,两者均证明 HY 分子筛的 OH 基是酸位中心,且 NH_4Y 沸石一般在 350～550℃焙烧产生的酸度最大。

3. 实验装置与流程

离子交换装置如图 6-2 所示。

实验流程:将称量好的 NaY 分子筛装入四口烧瓶,加入配置好的溶液,装好冷凝管、搅拌器、控温温度计和煤油温度计,打开电加热套,加热到反应温度,反应一定时间,冷却降温,分离出固体后,重复 2 次,过滤洗涤,经干燥、成型、焙烧后,即制得 HY 分子筛。

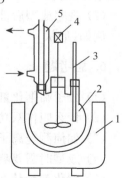

图 6-2 离子交换装置

1—电加热套;2—四口烧瓶;
3—温度计;4—电动搅拌器;
5—回流冷凝管

4. 实验步骤及方法

（1）离子交换

在电子天平上称取 50 g 合成或天然 NaY 分子筛装入四口烧瓶中，用 500 mL 量筒量取预先配制好的 1 mol/L NH₄Cl 溶液 500 mL 倒入四口烧瓶中。然后将四口烧瓶放入电加热套中，装上回流冷凝管、电动搅拌器、电加热套接触温度计、煤油温度计，并打开冷却水。启动搅拌器，打开电加热套电源，加热升温，控制温度在 100℃，搅拌反应 1 h，然后停止搅拌，移走电加热套，并冷却降温。卸下回流冷凝管、搅拌器和温度计，待分子筛完全沉至瓶底后，将上层清液分出，然后重新加入 500 mL 1 mol/L NH₄Cl 开始第二次交换，其余方法步骤同上。第二次交换完成后，待烧瓶温度降至 40～50℃时，进行过滤和洗涤。

（2）过滤洗涤

用砂芯漏斗过滤，洗涤数次，直至滤液中用 0.1 mol/L AgNO₃ 检测无氯离子存在。将滤饼取出放在 500 mL 烧杯内，置于干燥箱中，在 120℃下烘干。

（3）成型

将烘干后的分子筛研细，然后以 15∶1（质量比）的比例加入粘接剂田菁粉，混合均匀后加入少量稀硝酸进行捏和，捏和充分后将物料放入挤条机中进行挤条成型，成型后的催化剂经烘干后截断成一定长度的圆柱，以备活化。

（4）焙烧

将催化剂颗粒放入瓷坩埚内，置于马弗炉炉膛中心。以每小时 100℃的升温速率，程序升温至 500℃，在此温度下保持 4 h，冷却至自然室温，取出坩埚放入干燥器中，以备反应用。

5. 实验记录与数据处理

（1）列出本实验的实验条件和实验数据。

例如：反应中加入＿＿＿ g NaY 分子筛，＿＿＿ mL 1 mol/L NH₄Cl，反应温度＿＿＿℃，反应时间＿＿＿ h，离子交换＿＿＿次。过滤洗涤＿＿＿次，＿＿＿℃下烘干＿＿＿h，加入粘接剂后，挤条成型，最后在＿＿＿℃焙烧＿＿＿h，放好备用。

（2）观察成型后催化剂的外观形状和测定尺寸。

例如：形状＿＿＿＿＿＿＿（圆柱、球形等），尺寸＿＿＿＿＿＿＿。

6. 思考题

（1）分子筛催化剂的酸性的形成方法有哪些？

（2）什么叫作双功能分子筛催化剂？如何制备？

（3）如何测定离子交换率？采用哪些措施可以提高离子交换率。

（4）成型时需要哪几种助剂？每种助剂的作用是什么？各举出几种。

（5）催化剂为什么要进行成型？

（6）干燥和焙烧的作用是什么？

（7）离子交换法和浸渍法的区别与联系有哪些？

（8）参考本实验过程，设计稀土离子交换改性 Y 型沸石的实验，画出实验流程。

6.2 多孔催化剂孔径分布及比表面积测定实验(实验八)

1. 实验目的

(1)了解测定孔径分布及比表面积的原理。

(2)掌握双气路色谱法测定孔径分布及比表面积的方法。

(3)掌握孔径分布及比表面积的计算方法。

2. 实验原理

孔径分布及比表面积是描述多孔催化剂的重要参数,比表面积是指单位质量固体物质具有的表面积,包括外表面积和内表面积;孔径分布是多孔催化剂的孔体积相对于孔径大小的分布。等温吸附、脱附线是研究多孔材料表面和孔的基本数据。一般来说,获得等温吸附、脱附线后,方能根据合适的理论方法计算出比表面积和孔径分布等。研究多孔催化剂的孔径分布及比表面积对于改进催化剂,提高产率和选择性有重要的意义。

测定固体催化剂的孔径分布是基于毛细管凝聚的原理。假设用许多半径不同的圆筒孔来代表多孔固体的孔隙,这些圆筒孔又按大小分成许多组。当这些孔隙处在一定温度下(例如液氮温度下)的某一气体(例如氮气)环境中,则有一部分气体在孔壁吸附,如果该气体冷凝后对孔壁可以润湿的话(例如液氮在大多数固体表面上可以润湿),则随着该气体的相对压力逐渐升高,除各孔壁对氮的吸附层厚度相应地逐渐增加外,还同时发生毛细管凝聚现象,半径越小的孔,越先被凝聚液充满。随着该气体相对压力不断升高,则半径较大一些的孔也被冷凝液充满。当相对压力达到1时,则所有的孔都被充满,并且在所有表面上都发生凝聚。

被凝聚孔径的大小与相对压力间的关系,可以用开尔文公式表示:

$$\ln \frac{p_{N_2}}{p_S} = -\frac{2\delta V_m \cos \phi}{r_k RT} \tag{6-1}$$

式中　p_{N_2}——氮气的分压;

　　　p_S——氮气的饱和蒸气压;

　　　δ——表面张力;

　　　V_m——凝聚液的摩尔体积;

　　　ϕ——接触角;

　　　r_k——开尔文半径;

　　　R——摩尔气体常数;

　　　T——热力学温度。

在吸附质为 N_2 及液氮正常沸点的情况下有:

$$r_k = \frac{4.14}{\lg(p_{N_2}/p_S)} \tag{6-2}$$

当在某一 p_{N_2} 值时毛细管解除凝聚后,管壁还保留与当时相对压力相应的吸附层,所以

孔半径 r 等于开尔文半径 r_k 与吸附层厚度 t 之和。

$$r = r_k + t \tag{6-3}$$

随着相对压力逐渐降低,除与之相应的开尔文半径的毛细管凝聚现象解除外,已解除凝聚的毛细管壁的吸附层的厚度也逐渐减薄,所以脱附出的气体量是这两部分之和。以 N_2 为吸附质时,哈尔西(Halsey)公式所描述的吸附层厚度为

$$t = \frac{5.57}{\lg (p_{N_2}/p_S)^{\frac{1}{3}}} \tag{6-4}$$

式(6-2)~式(6-4)是计算孔径分布的基本关系式,可通过改变相对压力分别测出充满各不同半径的毛细孔的凝聚液体积,便可得到这些不同半径毛细孔的孔体积分布。

测定固体催化剂的比表面积是基于 BET 的多层吸附理论。在液氮温度下待测固体对 N_2 多层吸附,其吸附量 V_d 与 N_2 的相对压力 p_{N_2}/p_S 有关,其关系式称为 BET 公式:

$$\frac{p_{N_2}/p_S}{V_d(1 - p_{N_2}/p_S)} = \frac{1}{V_m C} + \frac{C-1}{V_m C} \cdot \frac{p_{N_2}}{p_S} \tag{6-5}$$

式中　V_m——为覆盖单分子层时的饱和吸附量;

　　　C——为与吸附有关的常数。

在实验得到与各相对压力 p_{N_2}/p_S 相应的吸附量 V_d 后,根据 BET 公式将 $\dfrac{p_{N_2}/p_S}{V_d(1 - p_{N_2}/p_S)}$ 对 $\dfrac{p_{N_2}}{p_S}$ 作图得到一直线,其斜率为 $a = \dfrac{C-1}{V_m C}$,截距为 $b = \dfrac{1}{V_m C}$。

由上述直线的斜率和截距,求得单分子层饱和吸附量 V_m 的计算公式

$$V_m = \frac{1}{a+b} \tag{6-6}$$

若已知每个被吸附分子的截面积,即可求出催化剂的比表面积,即

$$S_g = \frac{V_m N_A A_m}{22\ 400 w} \times 10^{-18} \tag{6-7}$$

式中　S_g——催化剂表面积;

　　　N_A——阿伏伽德罗常量,为 6.023×10^{23};

　　　A_m——被吸附气体分子的横截面积,nm^2;

　　　w——催化剂样品量,g。

当吸附质为 N_2 时,该式可简化为

$$S_g = 4.36 \frac{V_m}{w} \tag{6-8}$$

BET 公式的适用范围为 $p_{N_2}/p_S \approx 0.05 \sim 0.35$,相对压力超过此范围可能发生毛细管凝聚现象。

常用的载气有 N_2 和 He。

仪器常数 K 的测定:仪器常数法是由峰面积求吸附量的方法之一。峰面积及与之相应的气体样品量以及载气流速等各量之间有一函数关系,即

$$K = \frac{\alpha V_{\text{s}}}{A_{\text{s}} R_{\text{C}}} \cdot \frac{273 p}{0.101\ 3T} \tag{6-9}$$

式中　α——N_2 在混合气中的分压与大气压之比；

　　　V_{s}——所用量管的已知体积毫升数，mL；

　　　A_{s}——与之相应的峰面积，cm^2；

　　　R_{C}——载气流速，cm/s；

　　　p——实验条件时的大气压，MPa；

　　　T——实验条件时的室温，K。

　　在仪器的电路参数保持不变的情况下，在上述各物理量在一定范围内变化，K 是一个常数。

　　在标定实验中将已测准容积和冷体积的样品管（用仪器标定）安装在仪器上，并调节检测电流为 150 mA。先把六通阀放到吸附位置，让组成和流速已经稳定的混合气（或纯 N_2）流经样品管，待流速恢复稳定后，将六通阀放到脱附位置，样品管内的气体便被冲洗流经热电池，此时在记录器上便出现相应的峰，为了消除样品管与六通阀之间以及六通阀体内的管道容积，可以用几个不同容积的量管，再两个组合求出一个 K 值，并求 K 值的平均值。测定仪器常数后，吸附量（标准态）可由峰面积按下式求出：

$$V_{\text{d}} = K \cdot R_{\text{C}} \cdot A_{\text{d}} \tag{6-10}$$

式中　V_{d}——样品的吸附量；

　　　R_{C}——载气的流速；

　　　A_{d}——峰面积。

　　等效死空间的测定：为了在常压下测定全程的吸附等温线而采用的双气路法，在脱附时由于切换了六通阀、纯 He 作为载气冲洗着样品管内的平衡气及脱附出来的 N_2 流经热导池，因此，在记录器上出现的峰面积是样品管内的平衡气中的 N_2 及脱附出的 N_2 的共同效果，而在吸附量计算中前者应当扣除。在扣除时，要注意到平衡气不一定是纯 N_2，同时因为样品管大部分浸泡在液氮中，还应考虑到气体密度的变化。要扣除的也就是当样品管大部分处于液氮温度下被关闭在样品管及六通阀体内的平衡气中氮气的量，并将它换算成标准状态。这种关闭在样品管及六通阀体内的，换算成标准状态的氮的体积即称之为等效死空间，计算中要扣除的就是等效死空间。同一个样品管，在不同成分的平衡气流过时其等效死空间是不相同的。

　　等效死空间的扣除有三种方法，现举其中之一：用装好样品的样品管测等效死空间。

　　让吸附平衡气在室温下通过装好样品的样品管，除去极个别情况，此时固体样品对 N_2 不会有可与等效死空间相比较的吸附量。切换六通阀，管内气体被载气冲洗出去，记录器上出现一个面积为 A_{e}'' 的峰，对此再进行因温度不同而引起的密度差别的校正，即得与等效死空间相应的峰面积 A_{e} 即：

$$A_{\text{e}} = \alpha A_{\text{e}}'' \gamma \tag{6-11}$$

式中　α——N_2 的百分含量；

　　　γ——此空管浸泡在液氮温度下出峰的峰面积 $A_{液氮}$ 与在室温下出峰的峰面积 $A_{室温}$

之比即温度校正系数，$\gamma = \dfrac{A_{液氮}}{A_{室温}}$；

则吸附量 $$V_d = KR_C A_d = KR_C(A'_d - A_e) \qquad (6-12)$$

式中 A'_d——脱附气体中 N_2 与样品管中吸附平衡气中的 N_2 对峰面积贡献之和；

$\quad\quad A_d$——净脱附气体显示之峰面积；

$\quad\quad A_e$——等效死空间相应之峰面积。

3. 实验装置与流程

本实验采用北京金埃谱科技有限公司 V-Sorb 2800 全自动孔径分布及比表面积测定仪测定比表面积和孔径分布。本实验采用吸附气体和载气均为 N_2 的方法。实验装置如图 6-3 所示。

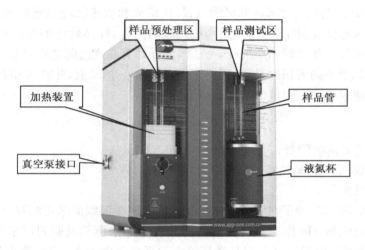

图 6-3　实验装置图

实验流程：打开仪器电源，开启氮气总阀（若采用 N_2 和 He 模式，则同时打开氮气、氦气钢瓶总阀），开启减压阀至分压值为 0.04 MPa（如果已经处于开启状态，直接进行下一步）；对使用的样品管在样品测试区（仪器的右边，左起分别为：1 路、2 路）进行样品管的液氮面标定，获得样品管体积和冷体积，用于下一步样品测试；然后要对测试样品进行干燥等处理，处理后的样品进行称重、装管，将样品管安装到样品预处理区域（仪器的左边，左起分别为：1路、2 路），打开软件，对软件进行样品预处理设置，然后进行样品预处理，预处理完成后，再次称量样品＋样品管总重，然后装管，将样品管安装到样品测试区域（仪器的右边，左起分别为：1 路、2 路），对软件进行实验设置，设置完成后，开始实验，待放置液氮对话框出现后，放好液氮杯、保温盖，点击"确定"，实验过程自行完成，无须人工干预。实验结束，拷贝出自己所需要的数据。

4. 实验步骤及方法

1）样品及样品管的准备

（1）为了保护仪器预处理管路，以下 3 种情况应使样品在高温烘箱中（最好是真空干燥箱），至少 110℃ 下烘干 2 h，自然冷却至室温后放于干燥皿中备用。

① 含腐蚀性气体的样品；

② 含低沸点物质（例如：样品打过蜡）的样品；

③ 含水量超过 20％ 的样品。

（2）对于密度小的样品最好在 20 kg 下压片后使用。

（3）对每一个样品管进行标号，并应在每次使用后清洗，清洗后在烘箱中烘干，烘干后置于干燥皿中待用。

2）液氮面标定

打开仪器电源，开启氮气总阀（若采用 N_2 和 He 模式，则同时打开氮气、氦气钢瓶总阀），开启减压阀至分压值为 0.04 MPa（如果已经处于开启状态，直接进行下一步）。

氮气模式在样品参数区除了需要正确的样品名称、样品质量之外，还需要填写正确的样品管体积、液氮面体积。在介绍 BET 测试之前需要逐次进行液氮面体积标定、真密度测定。在进行液氮面标定之前需要注意的是，样品管是空管，并且样品管、玻璃棒以及管路必须是一一对应的。

在测试参数区选择"液氮面标定"。

气体模式选择"氮气"。

样品管参数区：所有的参数均选择默认值即可。

修正参数及测试参数不参与计算，系统采用默认值，选择"自动回填充气"实验信息用于文件名形成。

点击"保存"后，开始实验，系统自动进行抽真空，管体积标定，待样品管体积标定结束后，出现"请将液氮杯放置于托盘上"对话框之后，将液氮放置在托盘上后，点击"是"，系统会自动完成后续实验至实验结束。

实验结束后，样品管体积以及液氮面体积均会在相应的数据栏自动显示，显示值即为该样品管的体积以及液氮面体积，记录该测量值，可用于后续的真密度、BET 及孔径的测试。若采用 N_2 和 He 模式则不需要此步骤。

3）样品的称量

（1）在记录本上记录样品管的编号；

（2）将 150 mL 高脚烧杯放在天平上归零；

（3）将样品管倾斜放在烧杯中，记下样品管质量，重复 2～3 次，取平均值，记为 m_1；

（4）将漏斗慢慢插入样品管中，并将样品顺漏斗装入样品管底部，轻轻拿出漏斗，尽量防止样品附着在样品管壁。称取样品管＋样品总重，样品管倾斜放置在烧杯中的方向应尽量与空样品管称量时倾斜方向保持一致，所称质量记为 m_2；

（5）所取样品量遵循以下原则：按样品质量（g）＝30/比表面积为依据但最少不少于 80 mg 最多不超过样品管下端圆球体的 3/4。

4）样品预处理

（1）打开仪器电源，开启氮气总阀（若采用 N_2 和 He 模式，则同时打开氮气、氦气钢瓶总阀），开启减压阀至分压值为 0.04 MPa（如果已经处于开启状态，直接进行下一步）；

（2）将样品管安装到样品预处理区域（仪器的左边，左起分别为：1 路、2 路）；

（3）打开软件：

① 点击"样品设置"，在参数区选择"样品预处理"，选择与样品管实际安装所对应的样品管路，第一阶段处按需填写延时、加热时间和温度，建议取默认值；在第二阶段处按需填写处理温度（建议取 105～300℃之间）、处理时间（120～300 min 之间），其他建议取默认值；选择"回填充气"；

② 检查无误后点击"保存"，点击"样品预处理"；

③ 样品预处理一般进行 3～5 h。

5）样品测试

（1）预处理结束后，再次称量样品＋样品管总重，样品管倾斜放置在烧杯中的方向应尽量与空管称量倾斜方向时保持一致，所称质量记为 m_3，则样品实际质量 $m= m_3 - m_1$，也称为干重。

（2）称量完成后，在样品管中加入填充棒，并在管口加海绵塞，将其装到测试区域（仪器的右边，左边起分别为：1 路、2 路），并将第 3 路装入 P_0 管路。（单侧 BET 比表面积则不需要）

（3）打开实验设置：

① 测试参数区选择"BET 比表面积测定"（测定 BET 比表面积）

（a）气体模式选择"氮气"；

（b）选择与样品管实际安装所对应的样品管路；

（c）样品管参数区：输入样品名称、样品质量，输入前面已经标定好的样品管的体积、冷体积；

（d）修正参数：仪器将自行标定（一般不动）；

（e）测试参数区：依次推荐选取模式分别为：p/p_0 选点（推荐取点）、p_0 值测定（实际测定）、充抽气方式（智能计算）、液氮面控制（启用），选择"自动回填充气"；

（f）实验信息区数据填写便于文件名形成以及后期实验数据查阅。

② 测试参数区选择"孔径分布测定"（测定比表面积和孔径分布）

（a）气体模式选择"氮气"；

（b）选择与样品管实际安装所对应的样品管路；

（c）样品管参数区：输入样品名称、样品质量，输入前面已经标定好的样品管的体积、冷体积；

（d）修正参数：仪器将自行标定（一般不动）；

（e）测试参数区：依次推荐选取模式分别为：p/p_0 选点（推荐取点）、p_0 值测定（固定预值）、充抽气方式（智能计算）、液氮面控制（启用），选择"自动回填充气"。

6）实验信息区数据填写便于文件名形成以及后期实验数据查阅

（1）点击"保存"，点击"开始实验"，检查无误后开始实验。

（2）待放置液氮对话框出现后，放好液氮杯、保温盖，点击"确定"，实验过程自行完成，无须人工干预。

（3）实验完毕后，拿掉液氮，关闭电源。

（4）实验完毕后，如仪器经常使用，无需关闭钢瓶总阀及减压阀阀门，不会造成气体外漏。否则进行第（5）步。

（5）实验完毕，关闭电源及供气钢瓶各个阀。

5. 实验记录及数据处理

整个实验过程采用全自动孔径分布及比表面测定仪,数据采集和数据处理均自动处理,属于自动化操作,实验结束后,软件自动对实验数据进行处理,并将数据以图的形式,显示出来。

同学们在了解测定原理的基础上,只需将比表面积测定数据结果和孔径分布数据拷贝出来,然后进行作图,数据计算,写在实验报告中;或者直接从软件中将图和软件计算结果拷贝出来,粘贴在实验报告上。

6. 思考题

(1) 测定表面积时,相对压力为什么要控制在 0.05～0.35 之间?
(2) 实验过程中为什么要进行预处理?
(3) 实验中为什么要标定样品管体积和冷体积?
(4) 影响本实验误差的主要因素是什么?
(5) 比表面积的测定原理是什么?
(6) 常用的载气有什么? 不同的载气测定的过程有什么不同?
(7) 如何通过测定的实验数据计算孔径分布和比表面积?

6.3 单釜与三釜串联返混性能测定实验(实验九)

1. 实验目的

(1) 掌握停留时间分布的测定方法。
(2) 了解停留时间分布与多釜串联模型的关系。
(3) 了解模型参数 m 的物理意义及计算方法。

2. 实验原理

在实际工业反应器中,由于物料在反应器内的流动速度不均匀,或内部构件的影响造成物料的流向与主体流动方向不同,或在反应器内存在非理想流动,使得在反应器出口物料停留时间不同,即存在返混,因此反应程度不同。而反应器出口物料应该是所有的具有不同停留时间的物料的混合物,反应的实际转化率应该是这些物料的平均值。为了定量地确定出口物料的反应转化率或产物的定量分布。就必须定量地描述出口物料的停留时间分布。停留时间分布可以用于定性判别返混程度和反应器中流体的流型,确定是否符合要求,提出相应的改进方案;通过求取模型参数还可以用于反应器设计。

在连续流动的反应器内,不同停留时间的物料之间的混合称为返混。返混程度的大小,一般很难直接测定,通常是利用物料停留时间分布的测定来推算。然而测定不同状态的反应器内停留时间分布时,我们可以发现,相同的停留时间分布可以有不同的返混情况,即返混与停留时间分布不存在一一对应的关系,因此不能用停留时间分布的实验测定数据直接表示返混程度,而要借助于反应器数学模型来间接表达。

物料在反应器内的停留时间完全是一个随机过程,需用概率分布方法来定量描述。所用的概率分布函数为停留时间分布密度函数 $E(t)$ 和停留时间分布函数 $F(t)$。停留时间分布密度函数 $E(t)$ 的物理意义是:同时进入的 N 个流体粒子中,停留时间介于 t 到 $t+dt$ 间的流体粒子所占的分率 dN/N 为 $E(t)dt$。停留时间分布函数 $F(t)$ 的物理意义是:流过系统的物料中停留时间小于 t 的物料的分率,$F(t)$ 与 $E(t)$ 关系为 $F(t) = \int_0^t E(t)dt$。

停留时间分布的测定方法主要采用应答技术,根据示踪物的加入方式分为脉冲法、阶跃法、周期输入法等,常用的是脉冲法。当系统达到稳定流动后,在系统的入口处瞬间注入一定量 M 的示踪物,同时开始在出口流体中检测、记录示踪物的浓度随时间的变化情况,即物料的停留时间分布。本实验采用脉冲法测定停留时间分布,得到停留时间分布密度函数。

由停留时间分布密度函数的物理含义,可知

$$E(t)dt = V \cdot c(t)dt/M \tag{6-13}$$

式中　$E(t)$——停留时间分布密度;

$c(t)$——t 时刻反应器内示踪剂浓度;

V——混合物的流量。

$$M = \int_0^\infty Vc(t)dt \tag{6-14}$$

所以

$$E(t) = \frac{Vc(t)}{\int_0^\infty Vc(t)dt} = \frac{c(t)}{\int_0^\infty c(t)dt} \tag{6-15}$$

由此可见 $E(t)$ 与示踪物浓度 $c(t)$ 成正比。因此,本实验中用水作为连续流动的物料,以饱和 KCl 作为示踪物,在反应器出口处检测溶液电导值。在一定浓度范围内,KCl 浓度与电导值成正比,所以可用电导值来间接地表示物料的停留时间变化关系,即 $E(t) \propto L(t)$,这里 $L(t) = L_t - L_\infty$,L_t 为 t 时刻的电导值,L_∞ 为无示踪剂时的电导值。

停留时间分布规律可用概率论中三个特征值来表示,数学期望(平均停留时间)$\bar{t}$、方差 σ_t^2 和对比时间 θ。

$\bar{t}$ 的表达式为

$$\bar{t} = \int_0^\infty tE(t)dt = \frac{\int_0^\infty tc(t)dt}{\int_0^\infty c(t)dt} \tag{6-16}$$

数据采用离散形式,用电导值 L_t 表达,并取相同时间间隔 Δt,则:

$$\bar{t} = \frac{\Sigma tc(t)\Delta t}{\Sigma c(t)\Delta t} = \frac{\Sigma t \cdot L(t)}{\Sigma L(t)} \tag{6-17}$$

式中　$L(t)$——液体的电导值;

L_∞——为无示踪剂时的电导值。

方差 σ_t^2 的表达式为

$$\sigma_t^2 = \int_0^\infty (t-\bar{t})^2 E(t)dt = \int_0^\infty t^2 E(t)dt - \bar{t}^2 \tag{6-18}$$

也采用离散形式,用电导值 L_t 表达,并取相同 Δt,则:

$$\sigma_t^2 = \frac{\sum t^2 c(t)}{\sum c(t)} - (\bar{t})^2 = \frac{\sum t^2 L(t)}{\sum L(t)} - \bar{t}^2 \tag{6-19}$$

若用量纲1的对比时间 θ 来表示,即 $\theta = t/\bar{t}$。

量纲1的方差为 $\sigma_\theta^2 = \sigma_t^2/\bar{t}^2$。

在测定了一个系统的停留时间分布规律后,需要用反应器模型来评价其返混程度,本实验采用多级串联全混釜模型。

所谓多级串联全混釜模型是将一个实际反应器中的返混程度与若干个等体积全混釜串联时的返混程度等效。若全混釜个数为 m,m 称为模型参数。多级串联全混釜模型假定每个反应器为全混釜,反应器之间无返混,每个全混釜体积相同,则可以推导得到多级串联全混釜反应器的停留时间分布关系,并得到量纲1方差 σ_θ^2 与模型参数 m 存在关系为

$$m = \frac{1}{\sigma_\theta^2} \tag{6-20}$$

当模型参数 $m = 1$,$\sigma_\theta^2 = 1$,为全混流反应器特征;

当模型参数 $m \to \infty$,$\sigma_\theta^2 \to 0$,为平推流反应器特征。

这里 m 是模型参数,是个虚拟釜数,并不限于整数。

3. 实验装置与流程

实验装置如图6-4所示,由单釜与三釜串联两个系统组成。

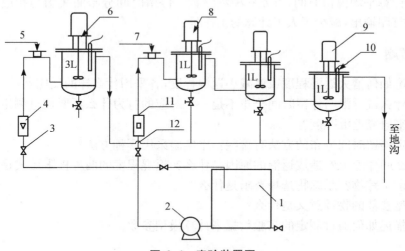

图6-4 实验装置图

1—水箱;2—水泵;3,11—调节阀;4,11—转子流量计;5,7—示踪物入口;
6,8—电机;9—减速、调速电机;10—电导率探头

三釜串联反应器中每个釜的体积为1 L,单釜反应器体积为3 L,用可控硅直流调速装置调速。实验时,水分别从两个转子流量计流入两个系统,稳定后在两个系统的入口处分别快速注入示踪物饱和KCl溶液,由每个反应釜出口处电导电极检测出口处物料的电导值,间接的表示示踪物浓度变化,并由记录仪自动录下来。

4. 实验步骤及方法

（1）开启水开关，通水，让水注满反应釜，调节进水流量为 20 L/h，保持流量稳定；

（2）通电，开启电源开关；

（3）打开电脑软件，设定记录时间间隔；

（4）开电导仪并调整好，以备测量；

（5）开启搅拌装置，转速应大于 200 r/min；

（6）待系统稳定后，用注射器迅速注入示踪剂，在电脑上开始记录数据；

（7）当电脑上显示的浓度在 2 min 内觉察不到变化时，即认为终点已到；

（8）关闭仪器、电源、水源、排清釜中料液，实验结束。

5. 实验记录与数据处理

根据实验结果，我们可以得到单釜与三釜的停留时间分布曲线，这里的物理量——电导值 L 对应了示踪剂浓度的变化；测定的时间由电脑记录数据读出。根据记录的数据，然后用离散化计算方法，相同时间间隔取点，一般可取 20 个数据点左右，再由式（6-17）、式（6-19）分别计算出各自的 $\bar{t}$ 和 σ_t^2，及量纲 1 方差 $\sigma_\theta^2 = \sigma_t^2 / \bar{t}^{-2}$。通过多釜串联模型，利用公式（6-20）求出相应的模型参数 m，随后根据 m 值，就可确定单釜和三釜系统的两种返混程度大小，对实验结果进行讨论。

整个实验过程采用微机数据采集与分析处理系统，则可直接由电导率仪输出信号至计算机，由计算机负责数据采集与分析，在显示器上画出停留时间分布动态曲线图，并在实验结束后自动计算平均停留时间、方差和模型参数。停留时间分布曲线图与相应数据均可方便地保存或打印输出，减少了人工计算的工作量。

6. 思考题

（1）讨论如何增大返混程度或者减小返混程度，各采用什么样的反应器。

（2）为什么说返混与停留时间分布不是一一对应的？为什么还要通过测定停留时间分布来研究返混程度？

（3）测定停留时间分布的方法有哪些？本实验采用哪种方法？

（4）什么叫作返混？造成返混的原因是什么？返混程度的两种极限形式是什么？

（5）何谓示踪物？示踪物选择要求是什么？

（6）模型参数的物理意义是什么？

（7）试描述如何通过测定的实验数据来计算模型参数。

6.4　管式反应器流动特性测定实验（实验十）

1. 实验目的

（1）了解连续均相管式循环反应器的返混特性；

（2）掌握并观察连续均相管式循环反应器的流动特征；

（3）掌握不同循环比下的返混程度，了解相应模型参数 m。

2. 实验原理

在连续管式反应器中，沿着与物料流动方向垂直的径向截面处，总是呈现不均匀速度分布。主要是因为滞边界层存在，使得由于壁面的阻滞而减慢流速，造成了径向速度分布的不均匀性，使径向和轴向都存在一定程度的混合，这种速度分布的不均匀性和径向、轴向的混合，也造成反应器出口物料的停留时间不同，反应器内存在返混。为了定量地确定出口物料的反应转化率或产物的定量分布，必须定量地描述出口物料的停留时间分布。停留时间分布可以用于定性判别反应器中流体的流型，确定是否符合要求，提出相应的改进方案；通过求取模型参数还可以用于反应器设计。

在工业生产上，对某些反应为了控制反应物的合适浓度，以便控制温度、转化率和收率，同时需要使物料在反应器内有足够的停留时间，并具有一定的线速度，而将反应物的一部分物料返回到反应器进口，使其与新鲜的物料混合再进入反应器进行反应。在连续流动的反应器内，不同停留时间的物料之间的混合称为返混。对于这种反应器循环与返混之间的关系，需要通过实验来测定。

在连续均相管式循环反应器中，若循环流量等于零，则反应器的返混程度与平推流反应器相近，由于管内流体的速度分布和扩散，会造成较小的返混。若有循环操作，则反应器出口的流体被强制返回反应器入口，也就是返混。返混程度的大小与循环流量有关，通常定义循环比

$$R = \frac{循环物料的体积流量}{离开反应器物料的体积流量}$$

其中，离开反应器物料的体积流量就等于进料的体积流量。

循环比 R 是连续均相管式循环反应器的重要特征，可自零变至无穷大。

当 $R=0$ 时，相当于平推流管式反应器；

当 $R=\infty$ 时，相当于全混流反应器。

因此，对于连续均相管式循环反应器，可以通过调节循环比 R，得到不同返混程度的反应系统。一般情况下，当循环比大于 20 时，系统的返混特性已经非常接近全混流反应器。

一般很难直接测定返混程度的大小，通常是利用测定物料停留时间分布来研究。然而在测定不同状态的反应器内停留时间分布时，相同的停留时间分布可以有不同的返混情况，即返混与停留时间分布不是一一对应的关系，因此不能用停留时间分布的实验测定数据直接表示返混程度，而要借助于反应器数学模型来间接表达。

停留时间分布的测定方法见 6.3 节。

3. 实验装置与流程

管式反应器流动特性实验工艺流程图如图 6-5 所示。实验所用试剂为：主流体为自来

水;示踪物为 0.017 mol/NaCl 溶液。

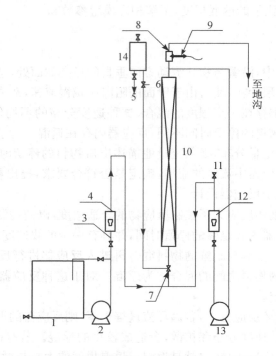

图 6-5 管式反应器流动特性实验工艺流程图

1—水箱;2,13—水泵;3—调节阀;4,12—转子流量计;5—排空阀;6—两分电磁阀;
7—喷管;8—六分出口;9—电导电极;10—管式反应管;11—放空阀;14—示踪物瓶

本实验装置由管式反应器和循环系统组成,连续流动物料为水,示踪物为饱和 NaCl(约为 0.017 mol/NaCl)溶液。实验时,水从水箱用进料泵往上输送,经进料流量计测量流量后,进入管式反应器,在反应器顶部分为两路,一路到循环泵经循环流量计测量流量后与新鲜的物料一起进入反应器,一路经电导仪测量电导后排入地沟。待系统流量稳定后,食盐从盐水池通过电磁阀快速进入反应器。

4. 实验步骤及方法

1）实验步骤

（1）通电:开启电源开关,将电导率仪预热,以备测量。开电脑,打开"管式循环反应器数据采集"软件,准备开始。

（2）通水:首先要放空,开启进料泵,让水注满管道,缓慢打开放空阀,有水柱喷出即放空成功,其次使水注满反应管,并从塔顶稳定流出,此时调节进水流量为 15 L/h,保持流量稳定。

（3）循环进料:首先要放空,开启循环水泵,让水注满管道,缓慢打开放空阀,有水柱喷出即放空成功,其次通过调节流量计阀门的开度,调节循环水的流量。

① 将预先配置好的食盐溶液加入盐水池内,待系统稳定后,迅速注入示踪剂(0.1～1.0 s),自动进行数据采集,每次采集时间约需 35～40 min。

② 当电脑记录显示的曲线在 2 min 内觉察不到变化时,即认为终点已到,点击"停止"键,并立即按"保存数据"键存储数据。

③ 打开"历史记录"选择相应的保存文件进行数据处理,实验结果可保存或打印。

④ 改变条件,即改变循环比 $R=0,3,5$,重复①~③步骤。

⑤ 实验结束,先关闭自来水阀门,再依次关闭流量计、水泵、电导率仪、总电源;关闭计算机,将仪器复原。

2) 操作要点

(1) 实验循环比做三个,$R=0,3,5$;

(2) 调节流量稳定后方可注入示踪物,整个操作过程中注意控制流量;

(3) 为便于观察,示踪剂中可加入有颜色的颜料。抽取时避免吸入底层晶体,以免堵塞;

(4) 一旦失误,应等示踪剂出峰全部走平后,再重做。

3) 实验方法

(1) 实验内容

用脉冲示踪法测定循环反应器停留时间分布;

改变循环比,确定不同循环比下的系统返混程度;

观察循环反应器的流动特征。

(2) 实验要求

控制系统的进口流量 15 L/h,采用不同循环比,$R=0,3,5$,通过测定停留时间的方法,借助多釜串联模型度量不同循环比下系统的返混程度。

5. 实验记录与数据处理

将实验数据拷贝出来,用于放在实验报告中。

以一组实验数据为例,用离散方法计算平均停留时间、方差,从而计算量纲为 1 的方差和模型参数,要求写清计算步骤。

(1) 将三组计算结果与计算机计算结果比较,分析偏差原因。

(2) 列出所有三组数据处理结果表。

(3) 对实验结果进行讨论;计算出不同条件下系统的平均停留时间,分析偏差原因;计算模型参数 m,讨论不同条件下系统的返混程度大小。

6. 思考题

(1) 何谓循环比? 循环比和返混程度的关系如何?

(2) 讨论一下何时增加返混或者减小返混,对反应有利。

(3) 什么叫作平推流模型? 什么叫作全混流模型?

(4) 对于返混程度较小的管式反应器如何判定其混合程度? 采用哪个模型? 模型参数是什么?

(5) 对于连续均相管式反应器如何减小返混?

6.5 乙醇气相脱水制乙烯实验(实验十一)

1. 实验目的

(1) 了解以乙醇气相脱水进行制备乙烯的工艺过程,学会设计实验流程和操作。
(2) 掌握乙醇气相脱水操作条件对产物收率的影响,学会获取最佳的工艺条件的方法。
(3) 掌握固定床反应器的特点以及其他有关设备的使用方法,提高自己的实验技能。
(4) 掌握色谱分析原理和操作。

2. 实验原理

近年来,随着原油价格上涨,石油裂解制乙烯的生产成本急剧上升,而生物质乙醇的生产技术取得了突破,可大幅度降低乙醇价格。生物质乙醇生产的乙烯具有较大优势和竞争力,同时乙醇脱水制出的乙烯纯度较高,与石油烃裂解制乙烯相比,可大大减少分离费用,且乙醇法制乙烯设备投资小、建设周期短、见效快。因此,在高油价时代,可与石油裂解制乙烯路线相竞争。

乙醇在一定的温度和催化剂作用下,可以在分子内脱水生成乙烯,也可以在分子间脱水生成乙醚。由于反应条件,尤其是反应温度以及催化剂的不同,还可进行其他某些反应。但是无论在生产规模、产品用途,还是深加工等方面,乙烯均更重要。

乙醇在催化剂存在下,反应式为

$$2C_2H_5OH \longrightarrow C_2H_5OC_2H_5 + H_2O \tag{6-21}$$

$$C_2H_5OH \longrightarrow C_2H_4 + H_2O \tag{6-22}$$

通常,较高的反应温度有利于生成乙烯,而较低的反应温度则有利于生成乙醚。

常用的催化反应系统有以下三类:一类以浓硫酸为催化剂,反应温度在 170℃;二类以 γ-氧化铝为催化剂,反应温度在 360℃;三类以分子筛(ZSM-5)为催化剂,反应温度在 300℃。

3. 实验装置与流程

(1) 实验装置:本实验采用管式炉加热固定床反应器,反应器见图 6-6,实验流程如图 6-7 所示,实验所需试剂,无水乙醇(分析纯);分子筛催化剂;60～80 目,装填量 7 g。

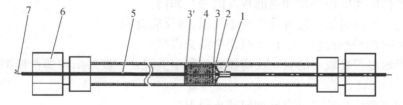

图 6-6　不锈钢反应器

1—三脚架;2—丝网;3,3′—玻璃毛;4—催化剂;5—温度套管;6—螺帽;7—热电偶

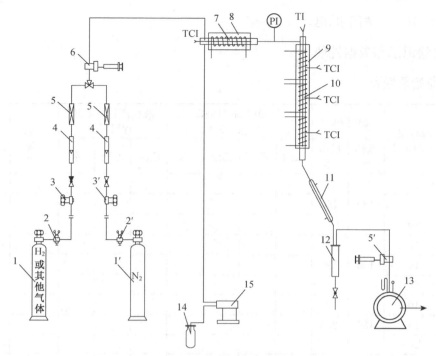

图 6-7 固定床实验装置流程示意图

TCI—控温热电偶；TI—测温热电偶；PI—压力计；
1,1′—气体钢瓶；2,2′—减压阀；3,3′—减压阀；4—转子流量计；5,5′—干燥器；6—取样器；7—预热炉；8—预热器；
9—反应炉；10—固定床反应器；11—冷凝器；12—气液分离罐；13—湿式流量计；14—加料罐；15—液体加料泵

（2）实验流程：原料乙醇经加料泵 15，输送到预热器 8，在一定的温度下预热，在固定床反应器 10 中反应，反应混合物经冷凝器 11 冷凝成气液两相，在气液分离罐中分离，反应一定时间后，分别取气相和液相分析产物的组成。

4. 实验步骤及方法

（1）组装流程（将催化剂按图 6-6 所示装入反应器内），通入氮气等惰性气体，检查各接口，用肥皂泡试漏。

（2）检查电路是否连接妥当。

（3）打开冷却水，通水。

（4）一切准备工作完成后，开始升温，预热器温度控制在 130℃。待反应器温度达到 160℃后，启动乙醇加料泵。调节乙醇流量在 10 mL/h 范围内，并严格控制加料泵的冲程和速度，保证进料流量稳定。在每个反应条件下稳定 25 min 后，开始计下尾气流量和反应液体的质量，分别取气样和液样，用微量进样器进样至色谱仪中测定其产物组成。

（5）在 160～300℃之间选不同的温度，改变三次进料量，考查不同温度及进料流量下反应物的转化率与产品的收率。

（6）反应结束后停止加乙醇原料，继续通水保持 30～60 min，以清除催化剂上的焦状物，使之再生后待用。

（7）将预热器温度和反应器温度设定为 50℃，当温度降至设定温度时关闭反应装置电源。

（8）实验结束，关闭水、电。

5. 实验记录与数据处理

（1）原始数据表：

实验号	进料量/(mL/h)	温度/℃		气相产物峰面积含量/%				液相产物峰面积含量/%			气体量/L	液体量/g
		预热器	反应器	乙烯	乙醇	乙醚	水	乙醇	乙醚	水		
1	10	130	160									
	15											
	20											
2	10	130	190									
	15											
	20											
3	10	130	220									
	15											
	20											
4	10	130	250									
	15											
	20											

（2）数据处理表：

实验号	反应温度/℃	乙醇进料量/(mL/h)	产物组成量/mol				乙醇转化率/%	乙烯收率/%
			乙烯	乙醇	乙醚	水		
1	160	10						
		15						
		20						
2	190	10						
		15						
		20						
3	220	10						
		15						
		20						
4	250	10						
		15						
		20						

（3）计算举例：以 160℃，10 mL/h 为例，若原始数据如下。

实验号	进料量/(mL/h)	温度/℃		气相产物峰面积含量/%				液相产物峰面积含量/%			气体量/L	液体量/g
		预热器	反应器	乙烯	乙醇	乙醚	水	乙醇	乙醚	水		
1	10	130	160	67.27	1.132	18.78	4.016	26.51	11.63	61.86	0.4	3.7

（4）f_M——热导检测器的摩尔校正因子：

f_M			
乙烯	乙醇	乙醚	水
2.08	1.39	0.91	3.03

A. $X_i = \dfrac{A_i f_i}{\sum\limits_{j=1}^{n} A_j f_i}$

$$n_{乙烯} = \frac{0.4}{22.4} \times \frac{67.27 \times 2.08}{67.27 \times 2.08 + 1.132 \times 1.39 + 18.78 \times 0.91 + 4.016 \times 3.03}$$
$$= 0.014\,633 \text{ mol}$$

$$n_{乙醇} = \frac{3.7}{46.07} \times \left(\frac{1.132 \times 1.39}{67.72 \times 2.08 + 1.132 \times 1.39 + 18.78 \times 0.91 + 4.016 \times 3.03} + \right.$$
$$\left. \frac{26.51 \times 0.82}{26.51 \times 0.82 + 11.63 \times 0.86 + 61.86 \times 0.7} \right)$$
$$= 0.023\,43 \text{ mol}$$

B. 乙醇转化率

$$乙醇转化率 = \frac{乙醇用量}{原料乙醇量} = \frac{0.014\,633 + 0.012\,49 \times 2}{0.014\,633 + 0.012\,49 \times 2 + 0.023\,43} = 62.83\%$$

C. 乙烯的收率

$$乙烯的收率 = \frac{生成的乙烯量}{原料乙醇量} = \frac{0.014\,633}{0.014\,633 + 0.012\,49 \times 2 + 0.023\,43} = 23.21\%$$

D. 乙醇的进料速度

$$\frac{2 \times 0.789}{46} = 0.034\,3 (\text{mol/h})$$

（5）计算结果列于如下数据处理表中：

实验号	反应温度/℃	乙醇进料量/(mL/h)	产物组成量/mol				乙醇转化率/%	乙烯收率/%
			乙烯	乙醇	乙醚	水		
1	160	10	0.014 633	0.023 43	0.012 49	0.047 62	62.83	23.21

6. 思考题

（1）什么叫作气固相反应？特点是什么？
（2）乙醇脱水制乙烯操作条件如何控制？
（3）简述管式反应器的特点。
（4）简述乙醇脱水制乙烯的优缺点。
（5）乙醇脱水制乙烯的催化剂都有哪些？
（6）通过数据计算，讨论如何控制反应条件，获得较高的乙醇转化率和乙烯收率。

6.6 气固相苯加氢催化反应实验（实验十二）

1. 实验目的

（1）了解苯加氢的实验原理和方法。
（2）了解气固相加氢设备的使用方法和结构。
（3）掌握加压的操作方法。
（4）掌握流量、温度对苯加氢整个反应的影响。

2. 实验原理

环己烷主要（占总产量 90％以上）用来生产制造尼龙－6 和尼龙－66 的重要原料，剩余用作树脂、油脂、橡胶和增塑剂等的溶剂。环己烷可从环烷基原油所得的汽油馏分中提取，但产量有限，纯度不高，要制得 99.9％以上高纯环己烷相当困难。苯加氢制环己烷的生产工艺，过程简单，成本低廉，而且得到的制品纯度极高，非常适用于合成纤维的生产，该工艺消费的苯占苯消耗总产量的第二位。

苯加氢是典型的有机催化反应，无论在理论研究还是在工业生产上，都具有十分重要的意义。工业上常采用的苯加氢生产环己烷的方法主要有气相法和液相法两种。气相法的优点是催化剂与产品分离容易，所需反应压力也较低，缺点是设备多而大，费用比液相法的多。液相法的优点是反应温度易于控制，投资少，原料消耗少，不足之处是所需压力比较高，转化率较低。

反应主要方程式如下：

$$\text{苯} + 3H_2 \xrightarrow[200℃,\ 2.5\ MPa]{Ni} \text{环己烷}$$

苯加氢制环己烷的反应是一个放热的、反应体积减小的可逆反应，因此，低温和高压有利于反应正向进行。所以，苯加氢制环己烷的反应温度不宜过高，但也不能太低，否则反应物分子不能很好地活化，从而导致反应速率减慢。如果催化剂活性较好，选择性可达 95％以上。

本实验选择在加压固定床微反应装置反应器中进行催化反应，催化剂采用 $r-Al_2O_3$ 负载 Ni 或 Cu 为催化剂。

3. 实验装置与流程

本实验采用加压微反应装置流程示意图如图 6-8,面板示意图如图 6-9 所示。

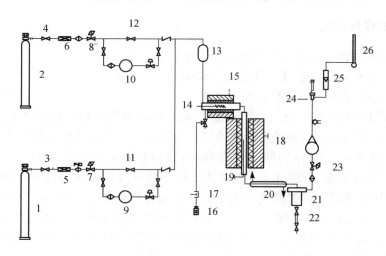

图 6-8　流程示意图

1,2—气体钢瓶；3,4—减压阀；5,6—气体干燥器；7,8—稳压阀；9,10—质量流量计；
11,12—质量流量计旁路阀；13—气体混合罐；14—预热器温度计；15—预热器；16—加料瓶；
17—液体加料泵；18—加压固定床反应器；19—反应炉温度计；20—冷凝器；21—气液分离罐；
22—液体取样罐；23—气体取样阀；24—气体取样口；25—尾气流量计；26—泡沫流量计

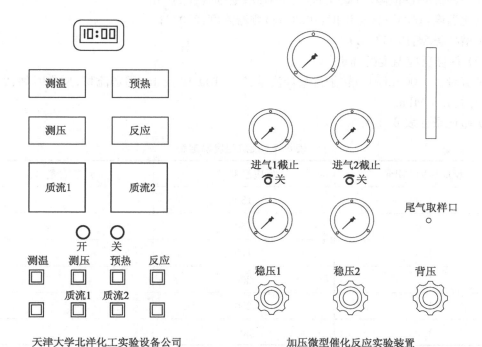

图 6-9　面板示意图

实验流程:从氢气钢瓶出来的氢气,通过氢气减压阀2控制输出压力,稳压阀3调压,调节转子流量计4到所需的流量,氢气与经过加料泵输送上来的苯混合,然后进入预热器预热到一定温度,在固定床反应器10中反应,反应混合物经冷凝器11冷凝成气液两相,在气液分离罐中分离,反应一定时间后,分别取气液相产物,分析组成。

4. 实验步骤及方法

(1)原料:苯、氢气、氮气(吹扫用)、环己烷;

(2)装填20 mL催化剂(详见仪器操作说明);

(3)系统试漏(详见仪器操作说明);

(4)打开温度控制电源,通入氢气和氮气,将预热器温度控制表温度设定为200℃,催化剂加氢还原2 h,氢气和氮气的流速控制在20 mL/min,一段时间后温度会上升,调节给定温度使其不超过250℃为宜,还原活化完成后,设定预热器温度为150℃,当其温度降到150℃时开启苯的加料泵,观察在三通阀通大气的一侧有液体流出后,转动三通阀进液至预热器并观察预热器和反应器的温度有无变化。苯的进料流量:20.00 mL/h,转子流量计流量:50~100 mL/min,反应时间:1.5 h。进料后要调节背压阀,使反应压力维持在1.0 MPa。当反应结束后,可取样分析产物,该产物分析在取样时变成气体,故可分析气体组成并计量,最后取出液体,分析含量。

5. 实验记录与数据处理

(1)气相色谱仪检测条件
GC类型:FID检测器;载气 N_2 0.4 MPa;毛细管柱20 m;
气化温度:150℃;柱箱温度:100℃;检测器温度:250℃;
色谱柱类型:PEG20M。
(2)最佳反应温度的确定
泵流量:20.00 mL/h;转子流量计流量:50~100 mL/min,固定流量;反应时间:2.0 h;反应压力:1.0 MPa。

实验记录如表6-1所示。

表6-1 反应温度确定表

反应压力/MPa	反应温度/℃	产物含量/%
1.0	130	
1.0	150	
1.0	170	
1.0	200	
1.0	250	
1.0	300	

(3)最佳流量的确定

泵、转子流量计流量：50～100 mL/min，固定流量；反应时间：2.0 h；反应温度控制为150℃，实验记录如表 6-2 所示。

表 6-2 流量确定表

泵流量/(mL/min)	反应温度/℃	产物含量/%
0.04	150	
0.08	150	
0.10	150	
0.14	150	
0.18	150	
0.20	150	

（4）数据处理

通过以上实验数据的测定，可以确定在该反应装置在进行苯催化加氢制备环己烷反应时的最佳反应温度，最佳苯进料流量，目标产物最高转化率及收率。将以上所得的最优条件记录下来。

6. 思考题

（1）什么叫做气固相反应？气固相反应步骤有几步？

（2）如何根据反应温度来选择合适的催化剂？

（3）气固相反应器中反应器中的物料流型属于哪种非理想流动模型？该模型的特点有哪些？

（4）苯催化加氢制环己烷目前催化剂有哪几类？试举出几种。

（5）气固相催化苯加氢反应中反应温度、压力、空速对苯转化率、选择性有何影响？

（6）本实验条件考查属于单因素考查，那么单因素考查在科研中有什么优势？

6.7 邻苯二甲酸二正丁酯反应动力学实验（实验十三）

1. 实验目的

（1）掌握积分法求解均相反应动力学参数；

（2）进一步加深对动力学基本概念的理解；

（3）掌握处理实验数据的方法。

2. 实验原理

邻苯二甲酸二正丁酯是一种可燃、低毒、常温下性质稳定的化学药品，在工业中有十分重要的用途，主要用于聚氯乙烯加工中的增塑剂。

邻苯二甲酸二正丁酯由苯酐与正丁醇酯化。合成途径为:第一步,苯酐与正丁醇反应生成单酯;第二步,单酯与正丁醇继续反应生成 DBP。第一步为瞬间反应,第二步为二级可逆慢反应,因此第二步为反应的控制步骤。为了数据处理的方便将第二步反应按二级不可逆反应处理,分别测定两个不同温度下单酯浓度随时间的变化情况,按照以下推理的公式便可得到该反应的活化能以及各温度下反应速率常数。计算公式如下:

$$r = kc^2 = -\,\mathrm{d}c/\mathrm{d}t$$

(c 代表单酯的浓度,加料时设法使第一步反应完毕,单酯的浓度和所剩正丁醇的浓度相等。)

积分上式得 $kt = 1/c - 1/c_0$(由此求得时刻 t 下的 k 值),分别求得两组温度下的 k 值,根据 Arrhenius 公式,便可求得活化能。

3. 实验步骤

(1) 实验仪器及药品
药品:乙醇;正丁醇;苯酐;氢氧化钾;酚酞;
仪器:电加热套;温度计;回流冷凝器;四口烧瓶;烧杯(50 mL、100 mL 各 2 只);碱式滴定管;铁架台;洗瓶;锥形瓶;滴瓶;滴管。

(2) 实验步骤及方法
① 在 100 mL 的三角瓶中放入 10 mL 的中性乙醇,并置于冰浴中冷却备用。
② 在四口瓶中放入苯酐 44.5 g(0.3 mol)、正丁醇 44.5 g(0.6 mol),加热,轻微搅拌,待苯酐全部溶解后同时取反应液两份,各 0.5 mL,记为 $V_{取样}$,测定单酯的浓度 c_0,并由此计算出反应状态下反应液的总体积($V_{总}$)。
③ 将反应液的温度控制在 110℃(或 120℃)左右;待温度波动稳定后,加入 H_2SO_4 0.2 mL,同时记时,以后每隔 10 min 取样一次,放入冷却的中性乙醇中,用液相色谱仪测定单酯的浓度,反应约 60 min 即可停止加热和搅拌。

4. 数据处理

(1) 酯初始浓度的计算,(mol/L);
(2) 反应状态下,反应总体积的计算,(mL);
(3) 反应液中 H^+ 浓度的计算,(mol/L);
(4) 反应期间单酯浓度计算,(mol/L);
(5) 数据记录及最终处理格式见表 6-3。

表 6-3 数据记录表

温度/℃	时间/min	耗液量/mL	c_{H^+}/(mol/L)	$V_{总}$/mL	单酯浓度/(mol/L)	k/(mol/min)$^{-1}$	$t_{1/2}$/min	$E \times 10^{-5}$/(J/mol)
110	0							
110	10							
110	20							

续表

温度/℃	时间/min	耗液量/mL	c_{H^+}/(mol/L)	$V_总$/mL	单酯浓度/(mol/L)	k/(mol/min)$^{-1}$	$t_{1/2}$/min	$E \times 10^{-5}$/(J/mol)
110	30							
110	40							
110	50							
110	60							

注:活化能 E 和半衰期 $t_{1/2}$ 是以两个温度下第一个 10 min 所对应的反应速率常数计算得到的。

5. 思考题

(1) 如何更准确地求出可逆反应的反应速率常数?

(2) 第一步完全反应的标志是什么?

(3) 对于本反应,除了用集热式磁力搅拌器加热外,还有哪些加热方式?

(4) 从哪几方面考虑了本实验的反应动力学?动力学因素是如何影响该反应转化率的?请分析这一过程。

(5) 冰浴的目的是什么?

(6) 为什么用乙醇作为介质?

第7章　化工分离技术实验

化工分离技术实验是化学反应工程与工艺学科一个重要的实践环节,有助于相关专业学生对《分离工程》相关知识的巩固和掌握,加深对分离工程专业知识的理解与运用,熟悉化工分离过程中主要反应设备的性能和分析测试方法,掌握化学工业中常用的基本研究方法,培养学生掌握专业实验技能。本实验的主要目的是让学生掌握化工分离工程实验的原理、设计、实验技术和方法,化工实验数据测试技术和方法。本章要求学生重点掌握特殊精馏、萃取过程和膜分离过程的原理、特点、工艺流程、设备结构及操作方法和相关计算等基础知识,为以后的工作和学习打下坚实的基础。

7.1　恒沸精馏实验(实验十四)

1. 实验目的

(1) 掌握恒沸精馏工艺流程;
(2) 熟悉实验精馏塔的构造,掌握精馏操作方法;
(3) 掌握无水乙醇的制备方法。

2. 实验原理

恒沸精馏是一种特殊的精馏分离方法。它是通过加入适当的分离媒质来改变被分离组分之间的汽液平衡关系,增大原有组分的相对挥发度,从而使原有组分的分离由难变易。主要适用于相对挥发度接近于1,且用普通精馏无法分离得到的纯物质。通常,加入的分离媒质(亦称恒沸剂、共沸剂、夹带剂)能与被分离系统中的一种或几种物质形成最低恒沸物,使最低恒沸物从塔顶蒸出,而塔釜得到沸点较高的纯物质。这种方法就称作恒沸精馏。

在常压下,用常规精馏方法分离乙醇-水溶液,最高只能得到浓度为 95.57%(质量分数)的乙醇。这是乙醇与水形成恒沸物的缘故,其恒沸点 78.15℃ 与乙醇沸点 78.30℃ 十分接近,形成的是均相最低恒沸物,采用普通精馏无法分离出纯的无水乙醇。浓度 95% 左右的乙醇常称工业乙醇。

由工业乙醇制备无水乙醇,可采用恒沸精馏的方法。实验室中恒沸精馏过程的研究,包括以下几个内容。

1) 共沸剂的选择

恒沸精馏的关键在于共沸剂的选取,一个理想的共沸剂应该满足如下条件。

（1）必须至少与原溶液中一个组分或多个组分形成最低恒沸物,希望此恒沸物比原溶液中任一组分的沸点或原来的恒沸点低 10 K 以上。

（2）在形成的恒沸物中,共沸剂的含量应尽可能少,以减少共沸剂的用量,节省能耗。

（3）回收容易,一方面希望形成的最低恒沸物是非均相恒沸物,可以减少分离恒沸物所需要的萃取操作等,另一方面,在溶剂回收塔中,应该与其他物料有相当大的挥发度差异。

（4）应具有较小的汽化潜热,以节省能耗。

（5）来源广、价廉、无毒、热稳定性好与腐蚀性小等。

就工业乙醇制备无水乙醇,适用的共沸剂有苯、正己烷、环己烷、乙酸乙酯等。它们都能与水-乙醇形成多种恒沸物,而且其中的三元恒沸物在室温下又可以分为两相,一相富含共沸剂相,另一相中富含水相,前者可以循环使用,后者又容易分离,这样大大简化了整个分离过程。表 7-1 给出了几种常用的恒沸剂及其形成三元恒沸物的有关数据。

表 7-1　常压下共沸剂与水、乙醇形成三元恒沸物的数据

组　分			各纯组分沸点/℃			恒沸温度/℃	恒沸组成/%(质量分数)		
1	2	3	1	2	3		1	2	3
乙醇	水	苯	78.3	100	80.1	64.85	18.5	7.4	74.1
乙醇	水	乙酸乙酯	78.3	100	77.1	70.23	8.4	9.0	82.6
乙醇	水	三氯甲烷	78.3	100	61.1	55.50	4.0	3.5	92.5
乙醇	水	正己烷	78.3	100	68.7	56.00	11.9	3.0	85.02

本实验采用正己烷为共沸剂制备无水乙醇。当正己烷被加入乙醇-水系统以后可以形成四种恒沸物,一是乙醇-水-正己烷三者形成一个三元恒沸物,二是它们两两之间又可形成三个二元恒沸物。它们的恒沸物性质如表 7-2 所示。

表 7-2　乙醇-水-正己烷三元系统恒沸物性质

物系	恒沸点/℃	恒沸组成/%(质量分数)			在恒沸点分相的相态
		乙醇	水	正己烷	
乙醇-水	78.174	95.57	4.43		均相
水-正己烷	61.55		5.6	94.40	非均相
乙醇-正己烷	58.68	21.02		78.98	均相
乙醇-水-正己烷	56.00	11.98	3.00	85.02	非均相

2）决定精馏区

具有恒沸物系统的精馏进程与普通精馏不同,表现在精馏产物不仅与塔的分离能力有关,而且与进塔总组成落在哪个浓度区域有关。因为精馏塔中的温度沿塔向上逐板降低,不会出现极值点。只要塔的分离能力(如回流比、塔板数)足够大,塔顶产物可为温度曲线的最低点,塔底产物可为温度曲线上的最高点。因此,当温度曲线在全浓度范围内出现极值点时,该点将成为精馏路线通过的障碍。于是,精馏产物按混合液的总组成分区,称为精馏区。

当添加一定数量的正己烷在工业乙醇中蒸馏时,整个精馏过程可以用图 7-1 加以说明。

图上 A、B、W 三点分别表示乙醇、正己烷和水的纯物质,C、D、E 三点分别代表三个二元恒沸物,T 点为 $A-B-W$ 三元恒沸物。曲线 BNW 为三元混合物在 25℃ 时的溶解度曲线。曲线以下为两相共存区,以上为均相区,该曲线受温度的影响而上下移动。图中的三元恒沸物组成点 T 在室温下是处在两相区内。

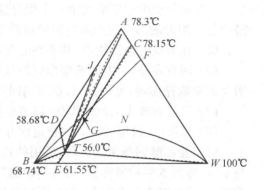

图 7-1　恒沸精馏原理图

以 T 点为中心,连接三种纯物质点 A、B、W 和三个二元恒沸组成点 C、D、E,则该三角形相图被分成六个小三角形。当塔顶混相回流(即回流液组成与塔顶上升蒸气组成相同)时,如果原料液的组成落在某个小三角形内,那么间歇精馏的结果只能得到这个小三角形三个顶点所代表的物质。为此要想得到无水乙醇,就应保证原料液的总组成落在包含顶点 A 的小三角形内。但由于乙醇-水的二元恒沸点与乙醇沸点相差极小,仅 0.15℃,很难将两者分开,而己醇-正己烷的恒沸点与乙醇的沸点相差 19.62℃,很容易将它们分开,所以只能将原料液的总组成配制在三角形 ATD 内。

图中 F 代表乙醇-水混合物的组成,随着夹带剂正己烷的加入,原料液的总组成将沿着 $\overline{FB}$ 线而变化,并将与 $\overline{AT}$ 线相交于 G 点。这时,夹带剂的加入量称作理论恒沸剂用量,它是达到分离目的所需最少的夹带剂用量。如果塔有足够的分离能力,则间歇精馏时三元恒沸物从塔顶馏出(56℃),釜液组成就沿着 $\overline{TA}$ 线向 A 点移动。但实际操作时,往往将夹带剂过量,以保证塔釜脱水完全。这样,当塔顶三元恒沸物出完以后,使初沸点略高于它的二元恒沸物,最后塔釜得到无水乙醇,这就是间歇操作特有的效果。

倘若将塔顶三元恒沸物(图中 T 点,56℃)冷凝后分成两相。一相为油相富含正己烷,另一相为水相,利用分层器将油相回流,这样正己烷的用量可以低于理论夹带剂的用量。分相回流也是实际生产中普遍采用的方法。它的突出优点是夹带剂用量少,夹带剂提纯的费用低。

3)共沸剂的加入方式

共沸剂一般有三种加入方式:一是可随原料一起加入精馏塔中;二是若夹带剂的挥发度比较低,则在进料板的上部加料;三是若共沸剂的挥发度比较高,则在进料板的下部加入。目的是保证全塔各板上均有充足的共沸剂浓度。

4)恒沸精馏操作方式

恒沸精馏既可用于连续操作,又可用于间歇操作。

5)共沸剂用量的确定

夹带剂理论用量的计算可利用三角形相图按物料平衡式求解。若原溶液的组成为 F 点,加入夹带剂 B 以后,物系的总组成将沿 $\overline{FB}$ 线向着 B 点方向移动。当物系的总组成移到 G 点时,恰好能将水以三元恒沸物的形式带出,以单位原料液 F 为基准,对水做物料衡算,得

$$DX_{D水} = FX_{F水}$$
$$D = FX_{F水}/X_{D水}$$

夹带剂 B 的理论用量为

$$B = D \cdot X_{DB}$$

式中　F——进料量；

　　　D——塔顶三元恒沸物量；

　　　B——夹带剂理论用量；

　　　$X_{F水}$——i 组分的原料组成；

　　　$X_{D水}$——塔顶恒沸物中 i 组分的组成。

共沸精馏的操作温度一般比较低,适用于热敏性物质操作。共沸剂的选择范围较窄。

3. 实验装置与流程

实验所用的精馏柱为内径 $\phi 20$ mm 的不锈钢塔,塔内分别装有不锈钢三角形填料,压延孔环填料,填料层高 1 m。塔身采用真空夹套以便保温。塔釜容积为 3 000 mL,塔釜配有 1 000 W 电热管,加热并控制釜温。经加热沸腾后的蒸气通过填料层到达塔顶,塔顶采用一特殊的冷凝器,以满足不同操作方式的需要。既可实现连续精馏操作,又可进行间歇精馏操作。塔顶冷凝液流入分相器后,分为两相,上层为油相富含正己烷,下层富含水,油相通过溢流口,用流量计控制回流量。实验装置如图 7-2 所示。

实验流程:将配置好的料液加入料液槽 12 中,原料经过进料泵 3 打入塔釜中,经塔釜 8 加热,原料中的几种物质主要是乙醇和乙醇-水-正己烷共沸物在填料塔中精馏分离。经加热沸腾后的蒸气通过填料层到达塔顶,流经一特殊的冷凝器 1,进入分相器 6,分为两相,上层为油相富含正己烷,下层富含水,油相通过溢流口,用流量计 5 控制回流量。下降液相最后在塔釜富集为纯度较高的乙醇。

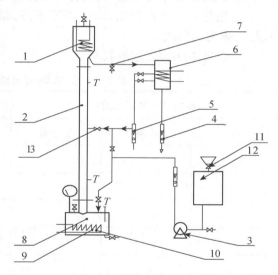

图 7-2　恒沸精馏装置示意图

1—冷凝器；2—塔身；3—进料泵；4—产品流量计；
5—油相回流流量计；6—油水分离槽；7—取样阀；
8—塔釜；9—电加热管；10—取样阀；11—加料阀；
12—料液槽；13—料液阀

4. 实验步骤及方法

(1) 用量筒量取 1 000 mL 95%(质量分数)乙醇,按共沸剂的理论用量,加入正己烷。

(2) 将配制好的原料加入塔釜中,开启塔釜加热电源及塔顶冷却水。

(3) 当塔顶有冷凝液时,便要注意调节油相回流流量计的流量至合适的回流比,实验过程采用油相回流。

(4) 每隔 15 min 记录一次塔顶塔釜温度,每隔 25 min,取塔釜液相样品进行色谱分析,当塔釜温度升到80℃时,若釜液纯度达99.5%以上即可停止实验。

(5) 取出油水分离槽中的富水相,称重并进行色谱分析,然后再取富含正己烷的油相分析其组成(称量塔釜产品的质量)。

(6) 切断电源,关闭冷却水,结束实验。

(7) 实验中各点的组成均采用气相色谱分析法分析。

5. 实验记录与数据处理

(1) 气相色谱仪检测条件

GC类型:TCD检测器;载气H_2 0.4 MPa;填充柱OV101 1.5 m;

气化温度:150℃;柱箱温度:100℃;检测器温度:200℃;

检测电流:100 mA。

(2) 做间歇操作的全塔物料衡算,推算出塔顶三元恒沸物的组成。

(3) 根据表7-3的数据,画出25℃下,乙醇-水-正己烷三元系溶解度曲线,标明恒沸物组成点,画出加料线。

(4) 计算本实验过程的收率。

表7-3　水-乙醇-正己烷液液平衡数据(25℃)

水相/%（摩尔分数)			油相/%（摩尔分数)		
水	乙醇	正己烷	水	乙醇	正己烷

6. 思考题

(1) 讨论本实验的影响因素有哪些?

(2) 什么叫恒沸精馏? 特点是什么?

(3) 比较恒沸精馏与萃取精馏的特点。

(4) 恒沸剂或者共沸剂的选择要求是什么?

(5) 共沸剂的回收方式有哪些?

(6) 共沸精馏适用于什么体系?

7.2 膜分离法制备高纯水实验(实验十五)

1. 实验目的

(1) 熟悉反渗透法制备超纯水的工艺流程;

(2) 掌握反渗透膜分离的操作技能;

(3) 了解测定反渗透膜分离的主要工艺参数。

2. 实验原理

膜分离过程是一种新型分离过程,它是以天然膜或者合成膜为分离媒介,通过在膜两侧施加(或存在)一种或多种推动力,如压力差、温度差、浓度差、电位差等,在这种推动力的作用下,根据原料中的组分的渗透速率的差异,某一组分或者某些组分能够选择性地优先透过膜,从而达到混合物中各组分的分离,并实现产物的分级、提取、浓缩、纯化等目的。目前,膜分离过程已成为石油化工、食品加工、水处理、生物医药等领域的重要分离过程。膜分离过程具有过程简单、经济性好、无相变、能耗低、可在常温下操作等优点,特别适合热敏性物质的处理,因此在医药、生化领域有其独特的适用性。

工业化应用的膜分离包括微滤(MF)、超滤(UF)、纳滤(NF)、反渗透(RO)、渗透汽化(PV)、气体分离(GS)和电渗析(ED)等。根据不同的分离对象和要求,选用不同的膜过程。反渗透是借助外加压力的作用使溶液中的溶剂透过半透膜而不能透过某些溶质,达到溶剂和溶质均富集的目的,反渗透技术具有无相变、组件化、流程简单等特点。反渗透净水是以压力为推动力,利用反渗透膜的选择透过性,从含有多种无机物、有机物和微生物的水体中,提取纯净水的物质分离过程。反渗透是最早工业化和最成熟的膜分离过程之一,反渗透的工业应用是从海水、苦咸水的脱盐进行海水淡化开始的,现在又有了许多新的应用。其原理图如图 7-3 所示。

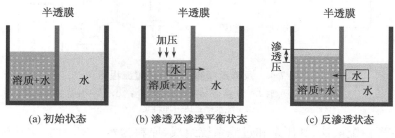

图 7-3 实验原理图

如图 7-3(a)所示,半透膜将纯水与咸水分开,由于渗透压的存在,使得水分子将从纯水一侧通过膜向咸水一侧透过,结果使咸水一侧的液位上升,纯水的液位不断下降,直到某一高度,即渗透过程。

如图 7-3(b)所示,当渗透达到动态平衡状态时,半透膜两侧存在一定的水位差或压力差,此为制定温度下溶液的渗透压 π。

如图 7-3(c)所示,当咸水一侧施加的压力 p,使得两侧的压力差大于该溶液的渗透压 π,可迫使渗透反相进行,即反渗透过程。此时,在高压力作用下,咸水中水的化学位升高,超过纯水的化学位,水分子从咸水一侧反向地通过膜透过到纯水一侧,盐水侧的液面不断下降,纯水侧水位不断上升,结果使咸水得到淡化,这就是反渗透脱盐的基本原理。

膜的性能是指膜的物化稳定性、选择性和膜的分离透过性,膜的物化稳定性的主要指标是膜材料,膜允许使用的最高压力、温度范围、适用的 pH 范围,以及对有机溶剂等化学药品的抵抗性等。膜的分离选择性用截留率表示,透过性指在特定的溶液系统和操作条件下,膜通量和通量衰减指数。

3. 实验装置与流程

本装置将两组反渗透卷式膜组件串联于系统,并有离子混合树脂交换柱,可用于制备高纯水。膜组件的性能如表 7-4 所示,本实验装置流程如图 7-4 所示。

表 7-4 膜组件性能

膜组件	规格	纯水通量	面积	压力范围	分离性能
反渗透	2521	10~40 L/h	1.1 m²	≤1.5 MPa	除盐率达 98%

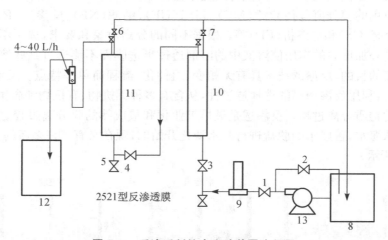

图 7-4 反渗透制纯水实验装置流程图

1,2,3,4,5,6,7—阀;8—配液池;9—离子交换柱;10,11—反渗透膜组件;
12—纯水槽;13—加料泵

本实验装置由配液池、高压泵和过滤系统组成,原料为水。实验时,水从配液池用高压泵往上输送,流过离子交换柱,经进料流量计测量流量后,进入反渗透过滤系统,在反渗透膜组件中进行膜分离过程,透过液经流量计进入纯水罐。

4. 实验步骤及方法

(1) 开启房间自来水总阀;
(2) 接通自来水;

（3）开泵；

（4）系统稳定约 20 min，出口水质基本稳定（出水电导率基本保持不变），记录纯水电导率，同时记录浓缩液、透过液流量，计算回收率，数据记录如表 7-5；

（5）在 0.3～0.7 MPa 内改变膜出口阀门开度，调节系统操作压力；

（6）待系统稳定后，记录不同压力下纯水电阻值、浓缩液、透过液流量，数据记录见表 7-6；

（7）开启离子交换树脂，制备超纯水，出水电阻率值不低于 18.25 MΩ·cm，或者电导率值不高于 0.05 μS·cm⁻¹（25℃，超纯水的电阻率值为 18.25 MΩ·cm，电导率值为 0.05 μS·cm⁻¹）；

（8）停车时，先关闭输液泵及总电源，随后关闭自来水进水；

（9）注意事项

① 如果一天以上不使用超滤组件，须加入保护液至中空纤维超滤组件高度的 2/3。然后密闭系统，避免保护液损失。

② 增加泵启动时，请注意泵前管道充满流体，以防损坏。如发生上述情况，请立即切断电源。

5. 实验记录与数据处理

室温：_____ 原料水电导率：_____ 操作压力：_____ MPa

表 7-5

实验序号	透过液流量 Q_t/(mL/s)	浓缩液流量 Q_b/(mL/s)	出口纯水电导率/(μS/cm)
1			
2			
3			

回收率 $N=$ 透过液流量/（透过液流量＋浓缩液流量）$=Q_t/(Q_b+Q_t)$

室温：_____ 原料水电导率：_____

表 7-6

实验序号	操作压力/MPa	透过液流量/(mL/s)	出口纯水电导率/(μS/cm)	单位膜面积透过物量 J_w/[mL/(m²·s)]
1				
2				
3				

注：$J_w=V/(S\times t)$，V 是膜的透过液体积；S 是膜的有效面积；t 是运行时间。2521 型反渗透膜的有效面积是 1.1 m²，由于两层膜所以 $J_w=2V/(S\times t)$。

6. 思考题

（1）什么叫膜分离过程？特点是什么？

（2）反渗透分离过程的特点是什么？

（3）反渗透分离过程与其他分离过程有何区别？

（4）影响实验误差的因素有哪些？

（5）反渗透膜操作压力是否越大越好？为什么？

（6）位膜面积的透过物量与操作压力之间有何关系？

（7）结合反渗透脱盐与离子交换技术，说明本工艺的优点。

7.3 液液萃取塔实验（实验十六）

1. 实验目的

（1）了解转盘萃取塔的基本结构、操作方法及萃取的工艺流程。

（2）观察转盘转速变化时，萃取塔内轻、重两相流动状况，了解萃取操作的主要影响因素对萃取过程的影响。

（3）掌握每米萃取高度的传质单元数 N_{OR}、传质单元高度 H_{OR} 和萃取率 η 的实验测定法。

2. 实验原理

液液萃取也称为溶剂萃取，简称为萃取或抽提，是一种重要的化工单元操作。在液液萃取过程中，原料液中的一个或多个组分（溶质）被萃取进另一个溶液（溶剂）中，而上述两个溶液是不相互溶或是部分互溶，从而达到分离的目的。通过溶剂的选择性溶解性而达到分离和提纯的目的。萃取操作体系至少有三种组分，三元体系是萃取操作过程中最简单的体系。萃取操作的关键是选择一种合适的萃取剂，向原料液中加入该萃取剂，溶解度大的组分便全部或大部分转入溶剂相中（萃取相），不溶或溶解度小的组分便全部或大部分留在原料液相中（萃余相），使原料液中的各组分得以分离。

萃取是分离和提纯物质的重要单元操作之一，是利用混合物中各个组分在外加溶剂中溶解度的差异而实现组分分离的单元操作。使用转盘塔进行液液萃取操作时，两种液体在塔内做逆流流动，其中一相液体作为分散相，以液滴形式分散通过另一连续相液体，两种液相的浓度则在设备内做微分式的连续变化，并依靠密度差和不互溶性在塔的两端实现两相的分离。当轻组分相作为分散相时，相界面出现在塔的上段；反之，当重组分相作为分散相时，则相界面出现在塔的下段。

1）传质单元法的计算

计算微分逆流萃取塔的塔高时，主要是采取传质单元法。即以传质单元数表示分离程度的难易，以传质单元高度表示传质设备性能的好坏。

$$H = H_{OR} \cdot N_{OR} \tag{7-1}$$

式中　H——萃取塔的有效接触高度，m；

　　　H_{OR}——以萃余相为基准的总传质单元高度，m；

　　　N_{OR}——以萃余相为基准的总传质单元数，量纲为1。

按定义，N_{OR} 计算式为

$$N_{OR} = \int_{x_R}^{x_F} \frac{\mathrm{d}x}{x - x^*} \tag{7-2}$$

式中　x_F——原料液的组成（质量分数），量纲
　　　　　　为 1；

　　　x_R——萃余相的组成（质量分数），量纲
　　　　　　为 1；

　　　x——塔内某截面处萃余相的组成（质量分数），量纲为 1；

　　　x^*——塔内某截面处与萃取相成平衡时的萃余相组成（质量分数），量纲为 1。

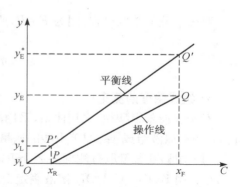

图 7-5　萃取平均推动力计算示意图

　　当萃余相浓度较低时，平衡曲线可近似为过原点的直线，操作线也简化为直线处理，如图 7-5 所示。

　　则积分式(7-2)得

$$N_{OR} = \frac{x_F - x_R}{\Delta x_m} \tag{7-3}$$

其中，Δx_m 为传质过程的平均推动力，在操作线、平衡线作直线近似的条件下为

$$\Delta x_m = \frac{(x_E - x^*) - (x_R - 0)}{\ln \dfrac{(x_F - x^*)}{(x_R - 0)}} = \frac{(x_F - y_E/k) - x_R}{\ln \dfrac{(x_F - y_E/k)}{x_R}} \tag{7-4}$$

式中　k——分配系数，例如对于本实验的煤油苯甲酸相-水相，$k = 2.26$；

　　　y_E——萃取相的组成（质量分数），量纲为 1。

　　对于 x_F、x_R 和 y_E，分别在实验中通过取样滴定分析而得，y_E 也可通过如下的物料衡算而得

$$F + S = E + R$$
$$F \cdot x_F + S \cdot 0 = E \cdot y_E + R \cdot x_R \tag{7-5}$$

式中　F——原料液流量，kg/h；

　　　S——萃取剂流量，kg/h；

　　　E——萃取相流量，kg/h；

　　　R——萃余相流量，kg/h。

　　对稀溶液的萃取过程，因为 $F = R$，$S = E$，所以有

$$y_E = \frac{F}{S}(x_F - x_R) \tag{7-6}$$

2）萃取率的计算

萃取率 η 为被萃取剂萃取的组分 A 的质量与原料液中组分 A 的质量之比：

$$\eta = \frac{F \cdot x_{\mathrm{F}} - R \cdot x_{\mathrm{R}}}{F \cdot x_{\mathrm{F}}} \qquad (7-7)$$

对稀溶液的萃取过程,因为 $F = R$,所以有

$$\eta = \frac{x_{\mathrm{F}} - x_{\mathrm{R}}}{x_{\mathrm{F}}} \qquad (7-8)$$

3) 组成浓度的测定

对于煤油苯甲酸相-水相体系,采用酸碱中和滴定的方法测定进料液组成 x_{F}、萃余液组成 x_{R} 和萃取液组成 y_{E},即苯甲酸的质量分数,具体步骤如下。

(1) 用移液管量取待测样品 20 mL,加 1~2 滴溴百里酚兰指示剂;

(2) 用 KOH‐CH$_3$OH 溶液滴定至终点,则所测浓度为

$$x = \frac{N \times \Delta V \times 122}{25 \times 0.8} \times 100\% \qquad (7-9)$$

式中 N——KOH‐CH$_3$OH 溶液的当量浓度,mol/mL;

        ΔV——滴定用去的 KOH‐CH$_3$OH 溶液体积量,mL。

此外,苯甲酸的摩尔质量为 122 g/mol,煤油密度为 0.8 g/mL,样品量为 25 mL。

(3) 萃取相组成 y_{E} 也可按式(7-6)计算得到。

3. 实验装置与流程

本实验的实验装置主要由玻璃萃取塔、转盘内构件、不锈钢管路、原料液贮槽、重相贮槽、轻相贮槽、金属转子流量计、法兰、阀门、输送泵、加料泵、转速控制装置、转动结构、不锈钢控制屏及台架等组成。实验装置流程图如图 7-6 所示,转盘萃取塔参数如表 7-7 所示。

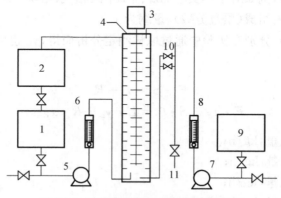

图 7-6 装盘萃取实验装置流程示意图

1—轻相槽;2—萃余相槽(回收槽);3—电机搅拌系统;4—萃取塔;5—轻相泵;
6—轻相流量计;7—重相泵;8—重相流量计;9—重相槽;10—Ⅱ管闸阀;11—萃取相出口

实验流程:本装置操作时应先在塔内灌满连续相——水,然后加入分散相——煤油(含有饱和苯甲酸),待分散相在塔顶凝聚一定厚度的液层后,通过连续相的Ⅱ管闸阀调节两相的界面于一定高度,对于本装置采用的实验物料体系,凝聚是在塔的上端中进行(塔的下端也设有凝聚段)。本装置外加能量的输入,可通过直流调速器来调节中心轴的转速。

表7-7 转盘萃取塔参数

塔内径	塔高	传质区高度	动静环间距
75 mm	1 300 mm	750 mm	26 mm

4. 实验步骤及方法

（1）将柴油配制成含苯甲酸的饱和或近饱和溶液,然后将配制好的溶液加入轻相槽内。注意:勿直接在槽内配制饱和溶液,防止固体颗粒堵塞煤油输送泵的入口,随时观察轻相槽内的溶液量,防止磁力泵空载。

（2）接通水管,将水加入重相槽内,用磁力泵将它送入萃取塔内。注意:随时观察重相槽内的溶液量,防止磁力泵空载运行。

（3）打开电机开关,在实验过程中转速逐渐提高,中间会跨越一个临界转速（共振点）,一般实验转速可取 400 r/min。

（4）水在萃取塔内搅拌流动,并连续运行 5 min 后,开启分散相——柴油管路,调节重相和轻相的体积流量,一般在 8～16 L/h 内（在进行数据计算时,对柴油浮子流量计测得的数据要校正,即煤油的实际流量应为 $V_{校} = \sqrt{\dfrac{1\,000}{800}}V_{侧}$,其中 $V_{侧}$ 为煤油流量计上的显示值。）。

（5）待分散相（柴油箱）在塔顶凝聚一定厚度的液层后,再通过连续相出口管路中 Ⅱ 形管上的阀门开度来调节萃取塔内相界面高度,操作中应维持上集液板中两相界面高度的恒定。

（6）通过改变转速来分别测萃取率 η 或 H_{OR} 从而判断外加能量对萃取过程的影响。

（7）样品分析。本实验采用酸碱中和滴定的方法测定进料液组成 x_F、萃余液组成 x_R 和萃取液组成 y_E,即苯甲酸的质量分数,具体步骤如下。

首先,用移液管量取待测样品 25 mL,加 1～2 滴溴百里酚兰指示剂;

其次,用 KOH-CH_3OH 溶液滴定至终点,则所测浓度为

$$x = \frac{N \times \Delta V \times 122.12}{25 \times 0.8} \times 100\%$$

式中 N——KOH-CH$_3$OH 溶液的当量浓度,mol/mL,实验用 0.1 mol/L;

ΔV——滴定用去的 KOH-CH$_3$OH 溶液体积量,mL。

苯甲酸的摩尔质量为 122 g/mol,煤油密度为 0.8 g/mL,样品量为 25 mL。

最后,萃取相组成 y_E 通过式（7-6）计算得到。

5. 实验记录与数据处理

（1）计算不同转速下的萃取效率、传质单元高度。

（2）以煤油为分散相,水为连续相,进行萃取过程的操作。

（3）实验数据记录,记录表如表7-8所示。

表 7-8　实验数据记录表：氢氧化钾的当量浓度 $N_{KOH} =$ 　　　　mol/mL

编号	重相流量 /(L/h)	轻相流量 /(L/h)	转速 N /(r/min)	ΔV_F /mL(KOH)	ΔV_R /mL(KOH)	ΔV_S /mL(KOH)
1						
2						
3						

（4）数据处理如表 7-9 所示。

表 7-9　数据处理表

编 号	转速 n	萃余相浓度 x_R	萃取相浓度 y_E	平均推动力 Δx_m	传质单元 高度 H_{OR}	传质单元数 N_{OR}	效率 η
1							
2							
3							

6. 思考题

（1）什么叫萃取？特点是什么？

（2）萃取剂的选择原则是什么？

（3）萃取分离过程应用范围是什么？

（4）影响萃取结果的因素有哪些？

（5）结合实验结果，讨论转盘萃取与普通萃取，相比优点在哪里？

（6）简述实验过程中有哪些不足之处？如何改进？

7.4　共沸精馏实验（实验十七）

1. 实验目的

（1）掌握共沸精馏过程的原理及应用。

（2）熟悉精馏设备的构造，掌握精馏操作方法。

（3）掌握精馏过程的全塔物料衡算。

（4）掌握气相色谱的使用。

2. 实验原理

共沸精馏是一种特殊的精馏分离方法。它是通过加入某种分离物质（亦称恒沸剂、共沸剂、夹带剂），与被分离系统中的一种或几种物质形成最低恒沸物，使最低恒沸物从塔顶蒸出，而塔釜得到沸点较高的纯物质。加入某种分离物质改变了被分离组分之间的汽液平衡关系，增大原有组分的相对挥发度，从而使原有组分的分离由难变易，主要适用于相对挥发度接近于 1，且用普通精馏无法分离得到纯物质的原料。

乙醇–水体系加入共沸剂苯以后整个系统共形成四种共沸物，分别为乙醇–水–苯（T）、乙醇–苯（AB$_2$）、苯–水（BW$_2$）和乙醇–水（AW$_2$）。其中除乙醇–水二元共沸物的共沸点与乙醇沸点相近之外，其余三种共沸物的共沸点与乙醇沸点均有 10 K 左右的温度差。因此，可以设法使水和苯以共沸物的方式从塔顶分离出来，塔釜则得到无水乙醇。

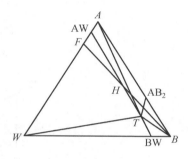

图 7-7　共沸精馏原理图

整个精馏过程原理可用图 7-7 说明。图中 A、B、W 分别代表乙醇、苯、水。要想得到无水乙醇，就应该保证原料液的组成落在包含顶点 A 的小三角形内。从沸点上看，乙醇–水的共沸点和乙醇的沸点仅相差 0.15 K，普通精馏技术是无法将其分开的。而乙醇–苯的共沸点与乙醇的共沸点相差 10.06 K，通过精馏实验很容易将它们分离开来，所以分析的最终结果是将原料液的组成控制在 $\triangle ATAB_2$ 中。

H 点处苯的加入量称作理论共沸剂用量，是达到分离目的所需最少的共沸剂用量。本实验塔顶采取分相回流方式，所以苯的用量可以低于理论用量。

3. 实验装置与流程

本实验所用的精馏塔为内径 20 cm 的玻璃塔，内装不锈钢填料，填料层高度为 1.5 m。塔釜由一只三口烧瓶组成。其中位于中间的一个口与塔身相连，另一个口插入一只放有测温热电偶的玻璃套管，用于测量塔釜液相温度；第三个口作为出料口。塔釜采用电加热，温度自控。

实验流程：将配置好的料液从加料口 12 加入塔釜 4 中，开启加热电源，原料中的几种物质主要是乙醇和乙醇–水–苯共沸物在填料塔中精馏分离。经加热沸腾后的蒸气通过填料层到达塔顶，流经冷凝器 1，进入分相器 6，分为两相，上层为油相富含苯，油相通过溢流口，用回流比控制器 8 控制回流比；下层富含水相，经过一段时间，将下层的收集到水相收集器中。下降液相最后在塔釜富集为纯度较高的乙醇。经过一定时间，记录塔顶和塔釜温度，分析富苯相、富水相和塔釜液的组成。

4. 实验步骤及方法

（1）称取规定量的无水乙醇、蒸馏水、苯加入塔釜。
（2）通入冷却水，打开电源开关，设定塔釜温度到反应温度，开始塔釜加热。
（3）适当调节塔的上、下段保温，使全塔处在稳定的操作范围内。
（4）每隔 15 min 记录一次塔顶和塔釜的温度，每隔 25 min 用色谱仪分析塔釜液相组成。
（5）当釜液浓度达到 99.5% 以上时，停止实验。

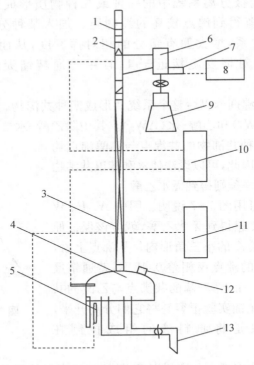

图 7-8　共沸精馏流程

1—全凝器；2—测温热电偶；3—填料塔；4—塔釜；5—电加热棒；6—分相器；7—电磁铁；
8—回流比控制器；9—馏出液收集器；10—数显温度计；11—温度控制仪；12—加料口；13—卸料口

（6）将塔顶馏出物中的两相分离，分别测出各相的浓度。将收集的全部富水相称重、富苯相称重。

（7）称出塔釜产品的质量。

（8）设定塔釜温度为室温，关闭塔釜加热开关，关闭电源开关，关闭冷却水，实验结束。

5. 实验记录及数据处理

（1）加料量：无水乙醇 100 mL，蒸馏水 4 mL，苯 46 mL。

（2）塔顶、塔釜温度记录（表 7-10）。

表 7-10　塔顶、塔釜温度记录表

时间/min	0	15	30	45	60	75	90
塔釜温度							
塔顶温度							
时间/min	105	120	135	150	165	180	
塔釜温度							
塔顶温度							

（3）实验过程采样记录及塔釜液液相组成（表 7-11）。

表 7-11 实验记录及塔釜液液相组成

采样时间	乙醇/%(面积分数)	水/%(面积分数)	校正后乙醇/%(面积分数)	液相/%(摩尔分数)
0				
25				
50				
75				
100				
125				
150				
塔釜液				

（4）三元共沸物组成（表 7-12）。

表 7-12 三元共沸物组成

	富水相/%(面积分数)	校正后/%(质量分数)	富苯相/%(面积分数)	校正后/%(质量分数)
水				
乙醇				
苯				

（5）实验数据处理。

数据计算示例如：反应后放料称重：富水相 8.4 g，富苯相 30.8 g，釜液 62.9 g。

三相组成如表 7-13：

表 7-13 三相组成

	富水相/%(面积分数)	校正后/%(质量分数)	富苯相/%(面积分数)	校正后/%(质量分数)
水	40.787	30.86	8.936	5.44
乙醇	49.775	56.24	29.576	26.89
苯	9.438	12.90	61.488	67.67

塔顶三元共沸物组成（质量分数）：

$$水=\frac{8.4\times30.86\%+30.8\times5.44\%}{8.4+30.8}=10.89\%$$

$$乙醇=\frac{8.4\times56.24\%+30.8\times28.89\%}{8.4+30.8}=33.18\%$$

$$苯=\frac{8.4\times12.90\%+30.8\times67.67\%}{8.4+30.8}=55.93\%$$

全塔物料衡算：

乙醇：原料中乙醇含量=82.9×95%=78.8(g)

其中 82.9 为 95%乙醇的质量，本实验为无水乙醇和蒸馏水总质量。

精馏结束后:塔顶乙醇$(30.8+8.4)×33.18\%=13.0(g)$

塔釜乙醇 $62.9×99.50\%=62.6(g)$

总计 $13.0+62.6=75.6(g)$

苯:加入塔中的苯:$40.3×99.5\%$(分析纯苯的纯度)$=40.1(g)$

精馏结束后三元共沸物中:$39.2×55.93\%=21.9(g)$

实验中,因整理塔釜烧瓶,有少量釜液流出,衡算时的误差可能来源于此。

(6) 理论共沸剂用量的计算。

图 7-7 中 AT 与 BF 的交点 H 处即代表加入理论共沸剂量后的原料组成

H 点:苯:32.0%;乙醇:65.0%;水 3.0%(质量分数)

$$\frac{32.0}{65.0+3.0}=\frac{x}{82.9}\Rightarrow x=39.01(g)$$

则苯的理论用量为 39.01 g。

6. 思考题

(1) 什么叫作共沸精馏? 特点是什么?

(2) 共沸剂的选择原则是什么?

(3) 共沸精馏如何分类?

(4) 影响共沸精馏结果的因素有哪些?

(5) 结合实验结果,共沸精馏与普通精馏相比,优点在哪里?

(6) 试举出四种乙醇-水精馏的共沸剂。

7.5 中空纤维超滤膜分离实验(实验十八)

1. 实验目的

(1) 了解和熟悉超滤膜分离的主要工艺参数;

(2) 了解膜分离的分离过程、流程及特点;

(3) 掌握超滤膜分离的实验操作方法。

2. 实验原理

膜分离法是利用特殊的薄膜对液体中的某些成分进行选择性透过的方法的统称。溶剂透过膜的过程称为渗透,溶质透过膜的过程称为渗析。常用的膜分离方法有微滤、超滤、纳滤、电渗析、反渗透,其次是自然渗析和液膜技术。近年来,膜分离技术发展很快,在水和废水处理、化工、医疗、轻工、生化等领域得到广泛应用。

膜分离过程的作用机理非常复杂,这是由于分离体系复杂多样。不同的被分离的物质有不同的物理、化学及传递特性,在分离过程中使用的膜不同。实质上,它是由分离物质间的作用引起的,同膜传质过程的物理化学条件,以及膜与分离物质间的作用有关,如膜材料、结构形态等。因此,不同的膜分离过程往往有不同的分离机理,甚至同一分离过程也可有不同的机理模型。目前,比较常用的机理模型有筛分机理、溶解-扩散机理和孔流模型。

膜分离过程具有过程简单,经济性好,无相变,能耗低,可在常温下操作等优点。

本实验装置的膜分离过程采用超滤膜过滤,其组件为中空纤维膜组件。

超滤与反渗透一样也依靠压力推动和半透膜实现分离。两种方法的区别在于超滤受渗透压的影响较小,能在低压力下操作(一般 0.1～0.3 MPa),而反渗透的操作压力为(2～10 MPa)超滤适用于分离。相对分子质量大于 500,直径为 0.005～10 μm 的大分子和胶体,如细菌、病毒、淀粉、树胶、蛋白质、黏土和油漆色料等,这类液体在中等浓度时,渗透压很小。超滤分离尺度是分子级别的,能够截留溶液中的大分子物质,允许小分子物质通过,从而达到分离的目的。各种不同膜分离过程对不同物质的截留情况如图 7-9 所示。

超滤过程在本质上是一种筛分过程,膜表面的孔隙大小是主要的控制因素,溶质能否被膜孔截留取决于溶质粒子的大小、形状、柔韧性以及操作条件等,而与膜的化学性质关系不大。因此,可以用微孔模型来分析超滤的分离过程。

微孔模型将膜孔隙当作垂直于膜表面的圆柱体来处理,水在孔隙中的流动可看作层流,其通量与压力差 Δp 成正比并与膜的阻力 Γ_m 成反比。

膜的性能参数有选择性和透过性,选择性常用截留率来表示,而透过性常用透过液通量表示。一般说来,透过性好的膜,选择性低,而选择性高的膜,透过性差。因此,在实际应用中,常常需综合考虑选择合适的膜。

超滤分离过程示意图如图 7-10 所示。

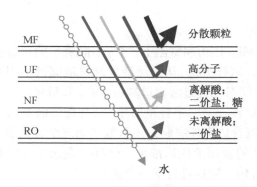

图 7-9　各种渗透膜对不同物质的截留示意图

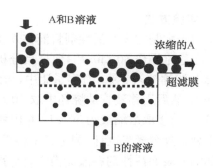

图 7-10　超滤分离过程示意图

3. 实验装置与流程

本实验的实验装置主要由配液池、滤液池、水泵、超滤组件、流量计、压力表、不锈钢框架、控制箱等组成。超滤组件为中空纤维膜组件,其材料为聚丙烯。孔径为 0.01～0.3 μm,孔隙率为 50%～55%,截留相对分子质量 50 000,可实现无菌过滤。使用温度为 44℃～73℃,最大工作压力为 4 kg/cm² 。实验装置如图 7-11 所示。

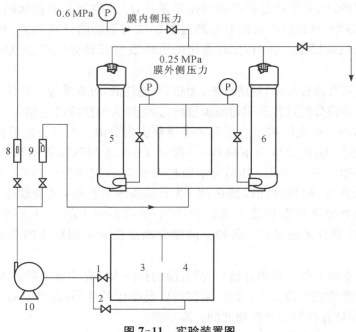

图7-11 实验装置图

1,2—阀门；3—配液池；4—洗水池；5,6—超滤膜组件；7—去地沟；8,9—流量计；10—自吸泵

实验流程：本实验装置由配液池、高压泵、流量计和过滤系统组成，实验时，原料从配液池用高压泵往上输送，经进料流量计测量流量后，进入超滤过滤系统，在超滤膜组件中进行膜分离过程，透过液进入滤液池，浓缩液排到地沟。

4. 实验步骤及方法

1) 实验方法

将预先配制的表面活性剂料液在 0.1 MPa 压力和室温下，进行不同流量的超滤膜分离实验。在稳定操作 30 min 后，取样品分析。取样方法：从表面活性剂料液储槽中用移液管取 10 mL 浓缩液入 100 mL 容量瓶中，与此同时在透过液出口端用 100 mL 量筒接取透过液约 50 mL，然后用移液管从烧杯中取 10 mL 放入第二个容量瓶中，以及在浓缩液出口端用 100 mL 量筒接取浓缩液约 50 mL，并用移液管从烧杯中取 10 mL 放入第三个容量瓶中。利用 751 型紫外分光光度计，测定三个容量瓶的表面活性剂浓度。烧杯中剩余透过液和浓缩液全部倒入表面活性剂料液储槽中，充分混匀。随后进行下一个流量实验。

2) 操作步骤

(1) 751 型紫外分光光度计通电预热 20 min 以上。

(2) 若长时间内不进行膜分离实验，为防止中空纤维膜被微生物侵蚀而损伤，在超滤组件内必须加入保护液。然而，在实验前必须将超滤组件中的保护液放净。

(3) 清洗中空纤维超滤组件，为洗去残余的保护液，用自来水清洗 2～3 次，然后放净清洗液。

(4) 检查实验系统阀门开关状态，使系统各部位的阀门处于正常运转状态。

(5) 将配制的表面活性剂料液加入料液槽计量，记录表面活性剂料液的体积。用移液管取料液 10 mL 放入容量瓶（100 mL）中，以测定原料液的初始浓度。

（6）在启动泵之前，必须向泵内灌满原料液。

（7）启动泵稳定运转 30 min 后，按"实验方法"进行条件实验，做好记录。实验完毕后即可停泵。

（8）清洗中空纤维超滤组件。待超滤组件中的表面活性剂溶液放净之后，用自来水代替原料液，在较大流量下运转 20 min 左右，清洗超滤组件中残余表面活性剂溶液。

（9）加保护液。如果一天以上不使用超滤组件，须加入保护液至中空纤维超滤组件高度的 2/3。然后密闭系统，避免保护液损失。

（10）将 751 型紫外分光光度计清洗干净，放在指定位置，以及切断分光光度计的电源。

3）实验物料及分析方法

（1）实验物料：保护液，1％甲醛水溶液。原料聚乙二醇水溶液，浓度 30 mg/L。料液配制：取聚乙二醇 1.2 g 置于 1 000 mL 的烧杯中，加入 800 mL 水，溶解。在贮槽内稀释至 40 L，并搅拌均匀。

（2）发色剂配制（教师配）

A 液：准确称取 0.800 g 次硝酸铋，置于 50 mL 容量瓶中，加冰乙酸 10 mL，全溶，蒸馏水稀释至刻度。

B 液：准确称取 20.000 g 碘化钾置于 50 mL 棕色容量瓶中，蒸馏水稀释至刻度。

Dragendoff 试剂（简称 DF 试剂）：量取 A 液、B 液各 5 mL 置于 100 mL 棕色容量瓶中，加冰乙酸 40 mL，蒸馏水稀释至刻度。有效期半年。（实际配制时，量取 A 液、B 液各 50 mL 置于 1 000 mL 棕色容量瓶中，加冰乙酸 400 mL，蒸馏水稀释至刻度）。

醋酸缓冲液的配制：称取 0.2 mol/L 醋酸钠溶液 590 mL 及 0.2 mol/L 冰乙酸溶液 410 mL 置于 1 000 mL 容量瓶中，配制成 pH 4.8 醋酸缓冲液。

（3）分析操作

制标准曲线：准确称取在 60℃ 下干燥 4 小时的聚乙二醇 1.000 g 溶于 1 000 mL 容量瓶中（已配好），分别吸取聚乙二醇溶液 0.5、1.0、1.5、2.0、2.5、3.0 mL 稀释于 100 mL 容量瓶内配成浓度为 5、10、15、20、25、30 mL/L 聚乙二醇标准溶液。再各取 25 mL 加入 50 mL 容量瓶中，分别加入 DF 试剂及醋酸缓冲液各 5 mL，蒸馏水稀释至刻度，放置 1 小时，于波长 510 nm 下，用 1 cm 比色池，在分光光度计上测定吸光度，蒸馏水为空白。以聚乙二醇浓度为横坐标，吸光度为纵坐标作图，绘制出标准曲线。

试样分析。取试样 25 mL 置于 50 mL 容量瓶中，分别加入 5 mL DF 试剂和 5 mL 醋酸缓冲液，加蒸馏水稀释至刻度，摇匀，静置 1 小时，测定吸光度，再从标准曲线上查浓度值。

5. 实验记录与数据处理

1）实验条件和数据记录如表 7-14：

表 7-14 实验记录表：

压力（表压）：＿＿＿MPa；温度：＿＿℃

实验序号	起止时间	浓度/(mg/L)			流量/(L/h)	
		原料液	浓缩液	透过液	浓缩液	透过液

续表

实验序号	起止时间	浓度/(mg/L)			流量/(L/h)	
		原料液	浓缩液	透过液	浓缩液	透过液

2) 数据处理

(1) 表面活性剂截留率(R)：

$$R = \frac{原料液初始浓度 - 透过液浓度}{原料液初始浓度} \times 100\%$$

(2) 透过液通量(J)：

$$J = \frac{渗透液体积}{实验时间 \times 膜面积} \qquad L/(m^2 \cdot h)$$

(3) 表面活性剂浓缩倍数(N)：

$$N = \frac{浓缩液中表面活性剂浓度}{原料液中表面活性剂浓度}$$

(4) 在坐标上绘制 R-流量、J-流量和 N-流量的关系曲线。

6. 思考题

(1) 什么叫作超滤？特点有哪些？

(2) 超滤的使用范围有哪些？

(3) 膜按照结构形态如何分类？

(4) 叙述超滤膜分离的机理。

(5) 在启动泵之前为何要灌泵？

(6) 超滤装置长期不用时，为什么膜设备要加保护液？

(7) 膜的性能参数都有哪些？

(8) 什么是膜组件？一个性能良好的膜组件有何要求？

7.6 超滤、纳滤、反渗透组合膜分离实验(实验十九)

1. 实验目的

(1) 掌握常见膜分离过程的分类；

(2) 掌握膜性能评价的方法，确定膜分离过程各膜组件的适宜操作条件；

（3）掌握膜分离的基本原理及应用。

2. 实验原理(图 7-12)

膜分离法简介见 7.5 节。

本实验装置的膜分离过程采用纳滤、超滤、反渗透膜过滤，其组件为中空纤维膜，包括纳滤、超滤和反渗透膜组件。

工业化应用的膜分离包括微滤(MF)、超滤(UF)、纳滤(NF)、反渗透(RO)、渗透汽化(PV)、气体分离(GS)和电渗析(ED)等。根据不同的分离对象和要求，选用不同的膜过程。超滤、纳滤和反渗透都是以压力差为推动力的

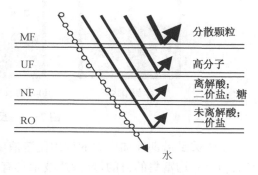

图 7-12　膜的截留示意图

液相膜分离方法，其三级组合膜过程可分离相对分子质量为几十万的蛋白质分子到相对分子质量为几十的离子物质，图 7-12 是各种膜对不同物质的截留示意图。

1) 超滤膜工作原理

超滤与反渗透一样也依靠压力推动和半透膜实现分离。两种方法的区别在于超滤受渗透压的影响较小，能在低压力(一般 0.1～0.5 MPa)下操作，而反渗透的操作压力为 1～10 MPa。超滤适用于分离相对分子质量大于 500，直径为 0.005～10 μm 的大分子和胶体，如细菌、病毒、淀粉、树胶、蛋白质、黏土和油漆色料等，这类物质在中等浓度时，渗透压很小。

超滤过程在本质上是一种筛分过程，膜表面的孔隙大小是主要的控制因素，溶质能否被膜孔截留取决于溶质粒子的大小、形状、柔韧性以及操作条件等，而与膜的化学性质关系不大，因此可以用微孔模型来分析超滤的传质过程。

微孔模型将膜孔隙当作垂直于膜表面的圆柱体来处理，水在孔隙中的流动可看作层流，其通量与压力差 Δp 成正比并与膜的阻力 Γ_m 成反比。

膜分离效率：

$$\eta = \left(1 - \frac{超滤液浓度}{混合液浓度}\right) \times 100\% \qquad (7-10)$$

2) 渗透及反渗透工作原理

渗透现象在自然界是常见的，比如将一根黄瓜放入盐水中，黄瓜就会因失水而变小。黄瓜中的水分子进入盐水溶液的过程就是渗透过程。如图 7-13 所示，如果用一个只有水分子才能透过的薄膜将一个水池隔断成两部分，在隔膜两边分别注入纯水和盐水到同一高度。过一段时间就可以发现纯水液面降低了，而盐水的液面升高了。我们把水分子透过这个隔膜迁移到盐水中的现象叫作渗透现象。盐水液面升高不是无止境的，到了一定高度就会达到一个平衡点。这时隔膜两端液面差所代表的压力被称为渗透压。渗透压的大小与盐水的浓度有关。

反渗透是利用反渗透膜选择性地只能透过溶剂(通常是水)而截留溶质的性质，以膜两侧静压差为推动力，克服膜两侧的渗透压，使溶剂通过反渗透膜而实现待分离液体混合物组分的分离的一种膜过程。

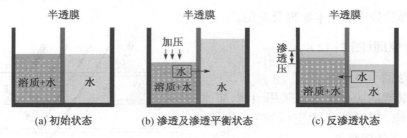

图 7-13　反渗透实验原理图

　　反渗透是借助外加压力的作用使溶液中的溶剂透过半透膜而不能透过某些溶质,达到溶剂和溶质均富集的目的,反渗透技术具有无相变、组件化、流程简单等特点。反渗透净水是以压力为推动力,利用反渗透膜的选择透过性,从含有多种无机物、有机物和微生物的水体中,提取纯净水的物质分离过程。反渗透是最早工业化和最成熟的膜分离过程之一,反渗透的工业应用是从海水、苦咸水的脱盐进行海水淡化开始的,现在又有了许多新的应用。

　　反渗透同 NF、UF、MF、GS 一样均属于压力差为推动力的膜分离技术,其操作压差一般为 1.5~10.5 MPa,截留组分为 0.1~1 nm 小分子溶质。除此之外,还可从液体混合物中去除全部悬浮物、溶解物和胶体,例如从水溶液中将水分离出来,以达到分离、纯化等目的。目前,随着超低压反渗透膜的开发已可在小于 1 MPa 压力下进行部分脱盐(溶质),适用于水的软化和选择性分离。

　　反渗透膜的基本性能主要参数有纯水渗透系数和脱盐率(溶质截留率)。

　　(1) 纯水渗透系数 L_p

　　单位时间、单位面积和单位压力下纯水的渗透量。它是在一定压力下,测定通过给定膜面积的纯水渗透量按下式求得的。

$$J_w = L_p(\Delta p - \sigma \Delta \pi) \tag{7-11}$$

$$L_p = \frac{J_w}{\Delta p (\Delta \pi = 0)} \tag{7-12}$$

式中,J_w 为单位膜面积纯水的渗透速率。

　　(2) 脱盐率(截留率)R

　　R 表示膜脱除盐(截留率)的性能,其定义为

$$R = \left(1 - \frac{c_p}{c_b}\right) \times 100\% \tag{7-13}$$

式中,c_b、c_p 分别为被分离的主体溶液浓度和膜的透过液浓度。实验中 c_b、c_p 可分别用被分离的主体溶液的电导率和膜的透过液的电导率来替代(但本实验不作考虑)。R 的大小与操作压力、溶液浓度、温度、pH 等工艺过程的条件有关。

　　3) 纳滤膜工作原理

　　纳滤膜技术是介于反渗透膜与超滤膜之间的性能,纳滤能脱除颗粒在 1 nm(10 Å)的杂质和相对分子质量大于 200~400 的有机物,溶解性固体的脱除率达到 20%~98%,含一价阴离子的盐(如 NaCl 或 $CaCl_2$)脱除率达到 20%~80%,而含二价阴离子的盐(如 $MgSO_4$)脱除率较高,为 90%~98%。纳滤是当今最先进、最节能、效率最高的膜分离技术之一。其

原理是在高于溶液渗透压的压力下,根据渗透速率的不同,借助于只允许水分子透过纳滤膜的选择截留某些物质,将溶液中的溶质与溶剂分离,从而达到净化水的目的。

纳滤膜是由具有高度有序矩阵结构的聚酰胺合成纳米纤维素组成的。它的孔径为 $0.001~\mu m$。利用纳滤膜的分离特性,可以有效地去除水中的溶解盐、胶体、有机物、细菌和病毒等,纳滤(NF)膜与反渗透(RO)膜相比,其优点在于两者除去有害物质相同,而纳滤(NF)膜保留了水分子中人体所需生命元素。

4) 膜分离性能的表示方法

膜性能包括膜的物化稳定性、膜的选择性和膜分离的透过性。膜的分离选择性主要指截留率;而膜的透过性主要指渗透通量和通量衰减系数等方面,可通过实验测定。

(1) 选择性　对于溶液中蛋白质分子、糖、盐的脱除可用截留率 R 表示:

$$R = \left(1 - \frac{c_{\mathrm{p}}}{c_{\mathrm{w}}}\right) \times 100\% \tag{7-14}$$

实际测定的是溶质的表观截留率 R_{E},表示为

$$R_{\mathrm{E}} = \left(1 - \frac{c_{\mathrm{p}}}{c_{\mathrm{b}}}\right) \times 100\% \tag{7-15}$$

(2) 渗透通量　通常用单位时间内通过单位膜面积的透过物量 J_{w} 表示:

$$J_{\mathrm{w}} = \frac{V}{S \times t} \tag{7-16}$$

(3) 通量衰减系数　膜的渗透通量由于过程的浓差极化、膜的压密以及膜孔堵塞等原因将随时间而衰减,可用下式表示:

$$J_t = J_1 \times t^m \tag{7-17}$$

膜分离实验中常采用原料的浓缩倍数表示膜分离效率,定义为

$$N = \frac{c_{\mathrm{d}}}{c_{\mathrm{b}}} \tag{7-18}$$

式(7-14)、式(7-15)和式(7-18)中,c_{b}、c_{w}、c_{p}、c_{d} 分别表示溶质的主体溶液浓度、高压侧膜与溶液的界面浓度、透过液浓度、浓缩液浓度。

式(7-16)中,V 是膜的透过液体积;S 是有效膜面积;t 是操作时间;J_{w} 通常以 $\mathrm{mL/(cm^2 \cdot h)}$ 为单位。

式(7-17)中,J_t、J_1 分别表示膜运行 t 小时和 1 小时后的渗透通量,t 为操作时间。

式(7-18)中,N 是膜分离前后溶质的浓缩倍数。

超滤、纳滤、反渗透均是压力差为推动力的膜分离过程,随着压力增加,膜渗透通量 J_{w} 逐渐增加,截留率 R 有所提高,但压力越大,膜污染及浓差极化现象越严重,膜渗透通量 J 衰减加快。超滤膜为有孔膜,通常用于分离大分子溶质、胶体、乳液,一般通量较高,溶质扩散系数低,在使用过程中受浓差极化的影响较大;反渗透膜是无孔膜,截留物质大多为盐类,因为通量低、传质系数大,受浓差极化影响较小;纳滤膜则介于两者之间。由于压力增加,引

起膜材质压密作用,膜清洗难度和操作能耗均加大。因此,根据膜组件的分离性能,应选择适宜的操作压力。

温度也是影响膜分离性能的重要操作因素,随着温度升高,溶液扩散增强,膜的渗透速度增大,但受膜材质影响,膜的允许操作温度一般应低于 45℃,在本实验中,不考虑温度因素。

5) 膜组件检测方法

(1) RO 反渗透膜　2%NaCl 通过后截留率 98%;

(2) NF 纳滤膜　2%NaCl 通过后截留率 50%~70%,常规为 60%;
　　　　　　　　2%MgSO_4 通过后截留率 95%

(3) 超滤膜(1 万相对分子质量)　0.5%细胞色素 C 通过后截留率 80%;
　　　　　　　　　　　　　　　　0.5%聚乙烯醇通过后截留率 90%

6) 膜污染的防治

膜污染是指处理物料中的微粒、胶体粒子或溶质大分子与膜产生物化作用或机械作用,在膜表面或膜孔内吸附、沉积造成膜孔径变小或堵塞,从而产生膜通量下降、分离效率降低等不可逆变化。对于膜污染,一旦料液与膜接触,膜污染即开始。因此,膜分离实验前后,必须对膜进行彻底清洗,采用低压(≤0.2 MPa)、大通量清水清洗法;当膜通量大幅下降或膜进出口压差不小于 0.2 MPa,一般清洗不能有效减轻污染,应采用化学清洗,选用清洗剂或考虑更换膜。大豆蛋白对膜污染比较严重,根据文献,用 NaOH 和蛋白酶清洗能有效减轻膜污染。

3. 实验装置与流程

本实验装置采用超滤、反渗透、纳滤膜组件,主要由配液池、浓液池、滤液池、高压自吸泵、流量计、压力表、反渗透膜、纳滤、超滤膜等组成。分离流程图如图 7-14 所示。

实验流程:原料从配液池用高压泵往上输送,经进料流量计测量流量后,进入超滤、反渗透、纳滤过滤系统,在超滤膜组件中进行膜分离过程,透过液经过流量计计量后进入纯水罐,浓缩液进入浓水池。该实验装置各膜组件可单独操作,也可组合使用。

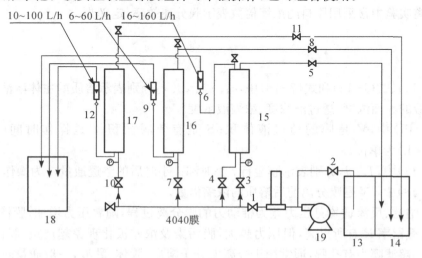

图 7-14　超滤、反渗透、纳滤膜分离流程

1、2、3、4、5、7、8、10、11—阀门;6、9、12—流量调节阀;13—配液池;14—浓液池;
15—超滤膜组件;16—反渗透膜组件;17—纳滤膜组件;18—纯水罐;19—高压泵

4. 实验步骤及方法

本实验装置主要由配液池、浓液池、滤液池、高压自吸泵、流量计、压力表、反渗透膜、纳滤、超滤膜等组成。

膜组件，膜直径：ϕ99.4 mm；长度：1 014 mm；脱盐率：95%；带有不锈钢膜壳。

配水池、滤液池均由不锈钢制成。

高压泵采用高压自吸泵，功率：1.1 kW，最高压力：1.6 MPa。

反渗透流量计采用 LZB-10(6～60)L/h，超滤流量计采用 LZB-10(16～160)L/h，纳滤流量计采用 LZB-10(10～100)L/h。

压力表：(0～1.0)MPa。

1) 超滤膜实验操作步骤

(1) 先了解整个实验的流程，对各个设备及阀门有一定的了解。配制好混合液，可以为污水、淀粉悬浮液、皂化液等。需注意所配混合液浓度不应过浓，否则会影响膜的使用寿命。

(2) 打开电源开关，然后再打开高压泵开关，实验开始进行，在开始实验时除阀 2 外其他各阀均关闭，启动泵后边慢慢关闭阀 2(旁路阀)边开启阀 1、阀 3，再打开阀 6 调节流量(即流量计上带有的针形阀至一定开度)，最后打开浓液阀 5。同时用秒表记录下超滤所用的时间；膜的压力数值，流量的大小(因出口压力很小，故当超滤的工作压力很小时便可近似为零)；滤液池中的滤液量。

(3) 分别在滤液池和混合液池内取样，进行分析。

2) 反渗透实验操作步骤

(1) 打开电源开关，开启高压泵开关，打开阀 2，待高压泵正常运转后，然后边慢慢关闭阀 2(旁路阀)边开启阀 1 和阀 7，开启浓液阀 8。

(2) 启动泵后再打开流量计上针形阀 9 调节流量。同时用秒表记录下过滤所用的时间，膜的压力数值和流量的大小。

(3) 根据实验需要，通过阀 8 开启程度控制膜分离实验系统压力以及流量(本设备最高使用压力 0.6 MPa)。

(4) 按实验要求分别收集渗透液、浓缩液，分别在滤液池和混合液池内取样，进行分析。

(5) 停止实验时，先开大浓液阀 8，关闭电源开关，结束实验。

3) 纳滤实验操作步骤

(1) 打开电源开关，开启高压泵开关，打开阀 2，待高压泵正常运转后，然后边慢慢关闭阀 2(旁路阀)边开启阀 1 和阀 10，开启浓液阀 11。

(2) 启动泵后再打开流量计上针形阀 12 调节流量。同时用秒表记录下过滤所用的时间，膜的压力数值和流量的大小。

(3) 根据实验需要，通过阀 11 开启程度控制膜分离实验系统压力以及流量(本设备最高使用压力 0.6 MPa)。

(4) 按实验要求分别收集渗透液、浓缩液，分别在滤液池和混合液池内取样，进行分析。

(5) 停止实验时，先开大浓液阀 6，关闭电源开关，结束实验。

4) 实验内容

本实验分离工艺如图 7-15 所示。

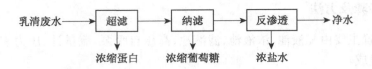

图 7-15　组合膜分离工艺

(1) 膜组件性能测定

① 超滤　配制 2.5 g/L 大豆蛋白水溶液,在 0～0.5 MPa 内调节操作压力,测定 4～5 个不同压力(膜进口压力)下原料液、浓缩液、透过液的浓度和透过液的流量,数据记录如表 7-7 所示,计算截留率、渗透通量;在某一压力下,0～60 min 内测定 4～5 个不同时间原料液、浓缩液、透过液的浓度和透过液的流量,数据记录如表 7-8 所示。计算膜渗透通量;建立 p-R、p-J、J-t 关系曲线,确定超滤膜分离适宜的操作压力 p_1;

② 纳滤　配制 5 g/L 葡萄糖溶液,在 0～1.0 MPa 内调节操作压力,测定 4～5 个不同压力下纳滤膜的原料液、浓缩液、透过液的浓度和透过液的流量,数据记录如表 7-7 所示,计算截留率、渗透通量,建立 p-R、p-J 关系曲线,确定纳滤膜分离适宜的操作压力 p_2;

③ 反渗透　配制 5 g/L 氯化钠溶液,在 0～1.5 MPa 内调节操作压力,测定 4～5 个不同压力下反渗透膜原料液、浓缩液、透过液的浓度和透过液的流量,数据记录如表 7-7 所示,计算截留率、渗透通量,建立 p-R、p-J 关系曲线,确定反渗透分离时适宜的操作压力 p_3。

(2) 乳清废水浓缩分离

配制乳清废水约 50 L(2.5 g/L 大豆蛋白,5 g/L 葡萄糖,5 g/L 氯化钠),加入配液池。调节操作压力 p_1,通过超滤膜浓缩分离乳清废水,通过测定原料液、浓缩液的浓度,计算一级膜分离后大豆蛋白浓缩倍数,超滤透过液用于纳滤分离。调节操作压力 p_2,通过纳滤膜分离浓缩葡萄糖,通过测定原料液、浓缩液的浓度,计算其浓缩倍数,纳滤透过液用于反渗透分离。调节操作压力 p_3,通过反渗透脱盐,测定可回收的净水体积。数据记录在表 7-9 中。

6) 注意事项及膜组件的清洗

(1) 注意事项

① 本装置设置压力控制器,当系统压力大于 1.6 MPa 时,会自动切断输液泵电流并停机;

② 储槽内料液不要过少,同时保持储液槽内壁清洁,较长时间(10 天以上)停用时,在组件中充入 1‰甲醛水溶液作为保护液,防止系统生菌,并保持膜组件的湿润(保护液主要用于膜组件内浓缩液侧);

③ 膜组件为耗材,液体处理后需进行清洗处理(包括纯水清洗、药剂清洗),当膜组件通量大幅降低时应考虑更换;

④ 待处理料液需预过滤,防止大颗粒机械杂质损坏输液泵或膜组件,膜组件进料最高自由氯浓度为 0.1 mL/m³;

⑤ 每种膜组件需单独使用,使用完毕后如需使用其他膜,必须将系统残余料液放空,并进行彻底清洗,以免料液干扰;

⑥ 增压泵启动时,请注意泵前管道需充满液体,以防损坏,如发生上述现象,请立即切断电源,短时间内空转,不一定会损坏泵。

⑦ 管道如有泄漏,请立即切断电源和进料阀,待更换管件或用专用胶水黏结后(胶水黏结后需固化 4 h)方可使用。

（2）膜组件的清洗

① 每批操作完成后,清洗前,打开装置所有阀门及排污阀门,使残余料液排空。

② 用纯净水清洗保养直至流出液(包括透过液和浓缩液)澄清透明为止,可配合检测手段监测流出液浓度是否接近零。

③ 经冲洗干净的膜组件不可再干燥,如长期不用,应放在甲醛溶液保存。当透过液流量明显下降时,可配制清洗药水进行清洗保养。

④ 一般清洗的过程为先纯净水,后清洗药水,最后再用纯净水,之后可进行料液处理。若清洗药水处理后透过液流量仍不能有所恢复,请考虑更换膜组件。

（3）清洗液的配制

① 超滤组件清洗液:无机酸、六偏磷酸钠、聚丙烯酸酯、乙烯二胺四乙酸(EDTA)清洗剂是用来清洗盐沉淀和无机垢的。氢氧化钠清洗剂,有时添加次氯酸盐,对于溶解脂肪和蛋白质十分有效。蛋白酶和淀粉酶等的酶清洗剂适用于 pH 中性场合。

② 纳滤、反渗透组件清洗液:分酸性清洗液和碱性清洗液两种,酸性清洗液一般浓度不超过 1%,可用盐酸、草酸、柠檬酸配制,适用于蛋白质、血清、重金属、碱金属氧化物等;碱性清洗液一般浓度不超过 0.1%,可用氢氧化钠配制,适用肉类、乳品等。

5. 实验记录与数据处理

（1）不同操作压力的数据记录

表 7-15　不同操作压力下的数据表

温度:＿＿＿＿＿＿＿ ℃

实验序号	压力/MPa	浓度(电导率值)			流量/(L/h)
		原料液	浓缩液	透过液	透过液
1					
2					
3					
4					
5					
6					

（2）不同运行时间的数据记录

表 7-16　相同压力下不同运行时间下的数据

压强(表压)：_____MPa；温度：_____℃

实验序号	起止时间/min	浓度(电导率值)			流量/(L/h)
		原料液	浓缩液	透过液	透过液
1					
2					
3					
4					
5					
6					

（3）组合膜分离过程

表 7-17　组合膜分离过程数据记录

分离组件	起止时间/min	浓度(电导率值)			流量/(L/h)
		原料液	浓缩液	透过液	透过液
超滤	10				
纳滤	10				
反渗透	10				轻水体积

（4）实验数据处理

通过记录的数据分别计算不同膜过滤过程中，不同压力下的截留率、渗透通量，从而确定不同膜分离过程的适宜的操作压力 p_1、p_2、p_3。

通过组合膜分离过程，利用记录的数据，我们分别计算不同膜组件的浓缩倍数，并记录最后轻水的体积。

6. 思考题

（1）什么叫超滤、纳滤、反渗透？

（2）超滤、纳滤、反渗透膜分离过程的应用场合有哪些？

（3）超滤、纳滤、反渗透膜分离过程的区别有哪些？

（4）试讨论膜组合分离过程有何优缺点。

（5）为什么每次膜使用后要进行清洗？

（6）膜的材料都有哪些？不同的膜组件所使用的膜材料有什么不同？

第8章 化工工艺实验

化学工程与工艺实验是化学工程与工艺学科一个重要的实践环节,有助于相关专业学生对"化工工艺学"相关知识的巩固和掌握,加深对化工工艺专业知识的理解和运用,该实践环节从工程与工艺两个角度出发,选择典型的工艺与工程要素,组成系列的工艺与工程实验。其目的是让学生了解化工工艺专业实验的特点,掌握其实验原理、基本实验方法和实验技能,培养学生综合分析问题、解决问题的能力,提高学生的实验动手能力,为以后的工作和学习打下坚实的基础。

8.1 一氧化碳中温-低温串联变换反应实验(实验二十)

1. 实验目的

(1) 熟悉多相催化反应有关知识。
(2) 掌握气固相催化反应动力学实验研究方法及催化剂活性的评比方法。
(3) 掌握变换反应的速率常数 k_T 与活化能 E 的计算方法。

2. 实验原理

合成氨生产或制氢工业中都需要将粗合成的 CO 通过变换与水蒸气反应转换为 CO_2 和 H_2,该反应过程是石油化工与合成氨生产中的重要过程。

一氧化碳的变换反应为

$$CO + H_2O \Longleftrightarrow CO_2 + H_2$$

反应必须在催化剂存在的条件下进行。中温变换采用铁基催化剂,反应温度为 $350 \sim 500℃$,低温变换采用铜基催化剂,反应温度为 $220 \sim 320℃$。

设反应前气体混合物中各组分干基摩尔分率为 $y^0_{CO,d}$、$y^0_{CO_2,d}$、$y^0_{H_2,d}$、$y^0_{N_2,d}$;初始水汽比为 R_0;反应后气体混合物中各组分干基摩尔分率为 $y_{CO,d}$、$y_{CO_2,d}$、$y_{H_2,d}$、$y_{N_2,d}$;一氧化碳的变换率为

$$\alpha = \frac{y^0_{CO,d} - y_{CO,d}}{y^0_{CO,d}(1 + y_{CO,d})} = \frac{y_{CO_2,d} - y^0_{CO_2,d}}{y^0_{CO,d}(1 - y_{CO_2,d})} \tag{8-1}$$

根据研究,铁基催化剂上一氧化碳中温变换反应本征动力学方程可表示为

$$r_1 = -\frac{\mathrm{d}N_{CO}}{\mathrm{d}W} = \frac{\mathrm{d}N_{CO_2}}{\mathrm{d}W} = k_{T_1} p_{CO} p_{CO_2}^{-0.5}\left(1 - \frac{p_{CO_2} p_{H_2}}{K_p p_{CO} p_{H_2O}}\right)$$

$$= k_{T_1} f_1(p_i),\ \mathrm{mol/(g \cdot h)} \tag{8-2}$$

铜基催化剂上一氧化碳低温变换反应本征动力学方程可表示为

$$r_2 = -\frac{\mathrm{d}N_{CO}}{\mathrm{d}W} = \frac{\mathrm{d}N_{CO_2}}{\mathrm{d}W} = k_{T_2} p_{CO} p_{H_2O}^{0.2} p_{CO_2}^{-0.5} p_{H_2}^{-0.2}\left(1 - \frac{p_{CO_2} p_{H_2}}{K_p p_{CO} p_{H_2O}}\right)$$

$$= k_{T_2} f_2(p_i),\ \mathrm{mol/(g \cdot h)} \tag{8-3}$$

$$K_p = \exp\left[2.302\,6\left(\frac{2\,185}{T} - \frac{0.110\,2}{2.302\,6}\ln T + 0.621\,8 \times 10^{-3} T - 1.060\,4 \times 10^{-7} T^2 - 2.218\right)\right] \tag{8-4}$$

在恒温下,由积分反应器的实验数据,可按下式计算反应速率常数 k_{T_i}:

$$k_{T_i} = \frac{V_{0,i} y_{CO}^0}{22.4W} \int_0^{\alpha_{i\text{出}}} \frac{\mathrm{d}\alpha_i}{f_i(p_i)} \tag{8-5}$$

采用图解法或编制程序计算,就可由式(8-5)得某一温度下的反应速率常数值。测得多个温度的反应速率常数值,根据阿伦尼乌斯方程 $k_T = A\mathrm{e}^{-\frac{E}{RT}}$ 即可求得指前因子 A 和活化能 E。

由于中温变换以后引出部分气体分析,故低温变换气体的流量需重新计量,低温变换气体的入口组成需由中温变换气体经物料衡算得到,即等于中温变换气体的出口组成:

$$y_{1H_2O} = y_{H_2O}^0 - y_{CO}^0 \alpha_1 \tag{8-6}$$

$$y_{1CO} = y_{CO}^0(1 - \alpha_1) \tag{8-7}$$

$$y_{1CO_2} = y_{CO_2}^0 + y_{CO}^0 \alpha_1 \tag{8-8}$$

$$y_{1H_2} = y_{H_2}^0 + y_{CO}^0 \alpha_1 \tag{8-9}$$

$$V_2 = V_1 - V_{分} = V_0 - V_{分} \tag{8-10}$$

$$V_{分} = V_{分,d}(1 + R_1) = V_{分,d} \frac{1}{1 - (y_{H_2O}^0 - y_{CO}^0 \alpha_1)} \tag{8-11}$$

转子流量计计量的 $V_{分,d}$,需进行相对分子质量换算,从而需求出中温变换出口各组分干基分率 $y_{1i,d}$:

$$y_{1CO,d} = \frac{y_{CO,d}^0(1 - \alpha_1)}{1 + y_{CO,d}^0 \alpha_1} \tag{8-12}$$

$$y_{1CO_2,d} = \frac{y_{CO_2,d}^0 + y_{CO,d}^0 \alpha_1}{1 + y_{CO,d}^0 \alpha_1} \tag{8-13}$$

$$y_{1H_2, d} = \frac{y_{H_2, d}^0 + y_{CO, d}^0 \alpha_1}{1 + y_{CO, d}^0 \alpha_1} \tag{8-14}$$

$$y_{1N_2, d} = \frac{y_{N_2, d}^0}{1 + y_{CO, d}^0 \alpha_1} \tag{8-15}$$

同中温变换计算方法,可得到低温变换反应速率常数及活化能。

3. 实验流程

实验流程见图 8-1、图 8-2。

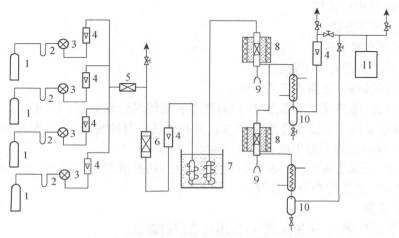

图 8-1　CO 中温-低温串联变换实验系统流程

1—钢瓶;2—净化器;3—稳压器;4—流量计;5—混合器;
6—脱氧槽;7—饱和器;8—反应器;9—热电偶;10—分离器;11—气相色谱仪

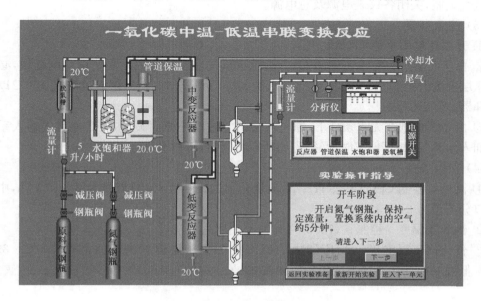

图 8-2　实验装置模拟图

实验用原料气 N_2、H_2、CO_2、CO 取自钢瓶,四种气体分别经过净化后,由稳压器稳定压力,经过各自的流量计计量后,汇成一股,放空部分多余气体。所需流量的气体进脱氧槽脱除微量氧,经总流量计计量,进入水饱和器,定量加入水汽,再由保温管进入中温变换反应器。反应后的少量气体引出冷却、分离水分后进行计量、分析,大量气体再送入低变反应器,反应后的气体冷却分离水分,经分析后排放。

4. 实验步骤及方法

1) 实验药品及仪器

材料:N_2、H_2、CO_2、CO(取自钢瓶)。

实验仪器:气相色谱仪。

2) 实验步骤及方法

(1) 开车及实验步骤

① 检查系统是否处于正常状态;

② 开启氮气钢瓶,置换系统约 5 min;

③ 接通电源,缓慢升反应器温度,同时把脱氧槽缓慢升温至200℃,恒定;

④ 中、低温变换床层温度升至100℃时,开启管道保温控制仪,开启水饱和器,同时打开冷却水,管道保温,水饱和器温度恒定在实验温度下;

⑤ 调节中、低温变换反应器温度到实验条件后,切换成原料气,稳定 20 min 左右,随后进行分析,记录实验条件和分析数据。

(2) 停车步骤

① 关闭原料气钢瓶,切换成氮气,关闭反应器控温仪;

② 稍后关闭水饱和器加热电源,置换水浴热水;

③ 关闭管道保温,待反应床层温度低于200℃以下,关闭脱氧槽加热电源,关闭冷却水,关闭氮气钢瓶,关闭各仪表电源及总电源。

(3) 注意事项

① 升温速度要平稳,不要太快。

② 由于实验过程有水蒸气加入,为避免水蒸气在反应器内冷凝使催化剂结块,必须在反应床层温度升至150℃以后才能启用水饱和器,而停车时,在床层温度降到150℃以前关闭饱和器。

③ 由于催化剂在无水条件下,原料气会将它过度还原而失活,故在原料气通入系统前要先加入水蒸气,相反停车时,必须先切断原料气,后切断水蒸气。

(4) 实验条件

① 流量　控制 CO、CO_2、H_2、N_2 流量分别为 2～4 L/h,总流量为 8～15 L/h,中温变换出口分流量为 2～4 L/h。

② 饱和器温度　控制在(72.8～80.0)±0.1℃。

③ 催化剂床层温度　反应器内中温变换催化床层温度先后控制在 360℃、390℃、420℃,低温变换催化床层温度先后控制在 220℃、240℃、260℃。

5. 实验记录与数据处理

1）实验数据记录表格

室温_____   大气压_____

序号	反应温度/℃		流量/(L/h)						饱和器温度/℃	系统静压/Pa	CO₂分析值/%	
	中温变换	低温变换	CO	CO₂	H₂	N₂	总	分			中温变换	低温变换
1												
2												

2）数据处理

（1）转子流量计的校正

转子流量计是直接用 20℃的水或 20℃、0.1 MPa 的空气进行标定,因此各气体体积需校正。

$$\rho_i = \frac{pM_i}{RT}, \quad V_i = V_{i,读}\sqrt{\frac{\rho_f - \rho_i}{\rho_f - \rho_0} \cdot \frac{\rho_0}{\rho_i}} \tag{8-16}$$

（2）水汽比的计算

$$R_0 = \frac{p_{H_2O}}{p_a + p_g - p_{H_2O}}, \tag{8-17}$$

式中水的饱和蒸气压 p_{H_2O} 用安托因方程计算。

$$\ln p_{H_2O} = A - \frac{B}{C+t} \tag{8-18}$$

式中,$A = 7.074\,06$,$B = 1\,657.16$,$C = 227.02$,（10～168℃）。水的安托因系数见附录。

（3）色谱条件

① 分析柱:60～80 目的 601 碳分子筛,2 m 柱;

② 载气:H₂,柱前压 0.06～0.1 MPa(1 柱温下);

③ 检测器:热导池,电流 150 mA;

④ 柱温:90～120℃（视 N₂ 与 CO 峰分离情况而定）,检测器:同柱温;

⑤ 注意色谱柱应在使用前通载气 200℃下老化数小时至基线平直后可正常使用;

⑥ 出峰时间:N₂＜CO＜2 s,CO₂＜8 s。

6. 实验报告

（1）说明实验目的与要求;

（2）描绘实验流程与设备;

（3）叙述实验原理与方法;

（4）记录实验过程与现象;

（5）列出原始实验数据;

（6）计算不同温度下的反应速率常数,从而计算出频率因子与活化能;

(7) 根据实验结果,浅谈中温-低温串联变换反应工艺条件;

(8) 分析本实验结果,讨论本实验方法。

7. 思考题

(1) 实验系统中气体如何净化? 净化的作用有哪些?

(2) 水饱和器的作用和原理是什么?

(3) 在进行本征动力学测定时,应用哪些原则选择实验条件?

(4) 本实验反应后为什么只分析一个量?

(5) 试分析本实验中的误差来源与影响程度。

(6) 氮气在实验中的作用是什么?

(7) 本实验中反应器应采用哪种形式?

8.2 乙苯脱氢制苯乙烯实验(实验二十一)

1. 实验目的

(1) 了解以乙苯为原料,氧化铁系为催化剂,在固定床单管反应器中制备苯乙烯的过程。

(2) 学会稳定工艺操作条件的方法。

2. 实验原理

苯乙烯是用苯取代乙烯中的一个氢原子形成的有机化合物,在工业中具有重要的用途和价值,是合成橡胶和塑料的最重要单体之一,其自聚或与其他单体共聚可用来生产丁苯橡胶、聚苯乙烯、泡沫聚苯乙烯、ABS树脂、SAN树脂、SBS橡胶等。

本实验是以乙苯为原料,氧化铁系为催化剂,在固定床单管反应器中制备苯乙烯的过程,其主副反应分别如下。

(1) 本实验的主副反应

主反应:

副反应:

$$\bigcirc\!\!\!\!-C_2H_5 + H_2 \longrightarrow \bigcirc\!\!\!\!-CH_3 + C_2H_4 \qquad -54.4 \text{ kJ/mol}$$

在水蒸气存在的条件下,还可能发生下列反应:

$$\bigcirc\!\!\!\!-C_2H_5 + 2H_2O \longrightarrow \bigcirc\!\!\!\!-CH_3 + CO_2 + 3H_2$$

此外还有芳烃脱氢缩合及苯乙烯聚合生成焦油和焦等。这些连串副反应的发生不仅使反应的选择性下降,而且极易使催化剂表面结焦进而活性下降。

(2) 影响本反应的因素

① 温度的影响

乙苯脱氢反应为吸热反应,$\Delta H^0 > 0$,从平衡常数与温度的关系式:$\left(\dfrac{\partial \ln K_p}{\partial T}\right)_p = \dfrac{\Delta H^0}{RT^2}$ 可知,提高温度可增大平衡常数,从而提高脱氢反应的平衡转化率。但是温度过高副反应增加,使苯乙烯选择性下降,能耗增大,设备材质要求增加,故应控制适宜的反应温度。本实验的反应温度为 $540 \sim 600\,℃$。

② 压力的影响

乙苯脱氢为体积增加的反应,从平衡常数与压力的关系式 $K_p = K_n \left(\dfrac{p_{总}}{\sum n_i}\right)^{\Delta \gamma}$ 可知,当 $\Delta \gamma > 0$ 时,降低总压 $p_{总}$ 可使 K_n 增大,从而增加了反应的平衡转化率,故降低压力有利于平衡向脱氢方向移动。本实验加入水蒸气的目的是降低乙苯的分压,以提高平衡转化率,较适宜的水蒸气用量为:水:乙苯为 $1.5:1$(体积比)或 $8:1$(物质的量之比)。

③ 空速的影响

乙苯脱氢反应系统中有平衡副反应和连串副反应,随着接触时间的增加,副反应也增加,苯乙烯的选择性可能下降,适宜的空速与催化剂的活性及反应温度有关,本实验乙苯的液空速以 $0.6\,\text{h}^{-1}$ 为宜。

(3) 催化剂

本实验采用氧化铁系催化剂其组成为:$Fe_2O_3\text{-}CuO\text{-}K_2O_3\text{-}CeO_2$。

3. 实验装置及流程

实验流程图见图 8-3,实验装置模拟图如图 8-4 所示。

设备特点:

(1) 反应器、汽化器、冷凝器及接收器均为不锈钢材质。

(2) 加料由微型计量泵或蠕动泵进行。

(3) 反应器及汽化器由电加热,热电偶测温,温度仪表控温及显示。

4. 实验步骤及方法

1) 实验药品及仪器

药品:乙苯(化学纯),蒸馏水;

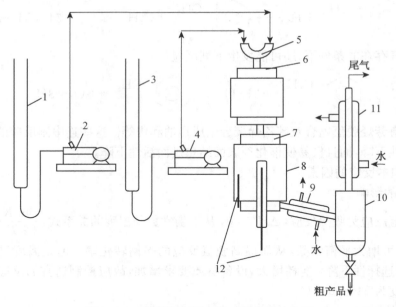

图 8-3　乙苯脱氢制苯乙烯工艺实验流程图

1—乙苯计量管；2，4—加料泵；3—水计量管；5—混合器；6—汽化器；7—反应器；
8—电热夹套；9，11—冷凝器；10—分离器；12—热电偶

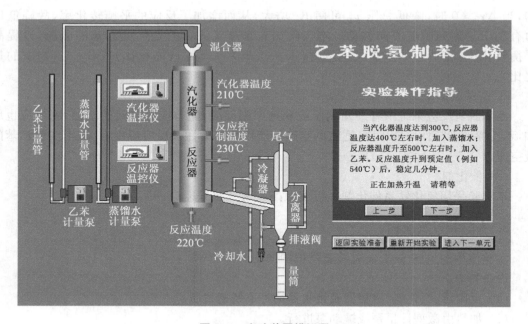

图 8-4　实验装置模拟图

实验器具：天平 1 台，秒表 1 只，量筒 1 只，烧杯 1 只，色谱分析取样瓶若干只。

2）实验步骤与方法

（1）反应条件控制

汽化温度为 300℃，脱氢反应温度为 540～600℃，水-乙苯为 1.5∶1（体积比），相当于

乙苯加料 0.5 mL/min，蒸馏水 0.75 mL/min(50 mL 催化剂)

(2) 操作步骤

① 了解并熟悉实验装置及流程，搞清物料走向及加料、出料方法。

② 接通电源，使汽化器、反应器分别逐步升温至预定的温度，同时打开冷却水。

③ 分别校正蒸馏水和乙苯的流量(0.75 mL/min 和 0.5 mL/min)。

④ 当汽化器温度达到 300℃后，反应器温度达 400℃左右开始加入已校正好流量的蒸馏水。当反应温度升至 500℃左右，加入已校正好流量的乙苯，继续升温至 540℃使之稳定半小时。

⑤ 反应开始每隔 10～20 min 取一次数据，每个温度至少取两个数据，粗产品从分离器中放入量筒内。然后用分液漏斗分去水层，称出烃层液质量。

⑥ 取少量烃层液样品，用气相色谱分析其组成，并计算出各组分的百分含量。

⑦ 反应结束后，停止加乙苯。反应温度维持在 500℃左右，继续通水蒸气，进行催化剂的清焦再生，约半小时后停止通水，并降温。

5. 实验记录及数据处理

1) 原始记录

时间	温度/℃		原料流量/(mL/10～20 min)				粗产品/g		尾气
	汽化器	反应器	乙苯		水		烃层液	水 层	
			始	终	始	终			

2) 粗产品分析结果

反应温度/℃	乙苯加入量/g	粗 产 品							
		苯		甲苯		乙苯		苯乙烯	
		含量/%	重/g	含量/%	重/g	含量/%	重/g	含量/%	重/g

3) 计算结果

乙苯的转化率：
$$\alpha = \frac{RF}{FF} \times 100\%$$

苯乙烯的选择性：
$$S = \frac{p}{RF} \times 100\%$$

苯乙烯的收率：
$$Y = \alpha \cdot S \times 100\%$$

4) 色谱分析

(1) 分析条件 1(GC7890T 色谱仪)

分析柱：B 柱为分析柱，内装 25% DNP，A 柱为参考柱；

载气：H_2，柱前压 0.07 MPa（110℃），约 8.2 圈；检测器：热导池，电流 120 mA；
柱温：110℃，进样器：150℃，检测器：150℃；进样量：2 μL，B 进样口。

（2）分析条件 2（SP-2 色谱处理机）

参数：方法 1；衰减 1003；斜率 300；最小面积 500；其余为初始值。

（3）操作方法

① 开 H_2 钢瓶，减压阀出口压力调节至 1.3 MPa 左右；

② 调节色谱仪载气流量阀，使分析柱内有载气通过，打开色谱仪电源，按要求设定温度；

③ 温度稳定后，调节载气流量阀，使 B 柱前压达到 0.07 MPa，A 气路与 B 气路圈数相同，设定检测器工作电流；

④ 打开处理机，基线稳定后即可分析，开机后 30 min 内可达稳定；

⑤ 分析结束后关闭色谱仪、处理机电源，关闭钢瓶总阀和减压阀。

（4）数据处理

校正因子：$f_苯 = f_{甲苯} = f_{乙苯} = f_{苯乙烯} = 1$

6. 结果与讨论

对以上的实验数据进行处理，分别将转化率、选择性及收率对反应温度作出图表，找出最适宜的反应温度区域，并对所得实验结果进行讨论。（包括曲线图趋势的合理性，误差分析，成败原因等）

7. 思考题

（1）影响产品转化率的动力学因素有哪些？各因素是如何影响的？

（2）乙苯脱氢生成苯乙烯反应是吸热还是放热反应？如何判断？如果是吸热反应，则反应温度为多少？实验室是如何来实现的？工业上又是如何来实现的？

（3）对本反应而言是体积增大还是减小？加压有利还是减压有利？工业上是如何来实现加减压操作的？本实验采用什么方法？为什么加入水蒸气可以降低烃分压？

（4）在本实验中有哪几种液体产物生成？哪几种气体产物生成？如何分析？

（5）进行反应物料衡算，需要一些什么数据？如何搜集并进行处理？

（6）目前用于乙苯脱氢制苯乙烯的催化剂都有哪些？

8.3 反应精馏制备甲缩醛实验（实验二十二）

1. 实验目的

（1）掌握反应精馏工艺过程的特点。

（2）掌握反应精馏装置的操作控制方法。

（3）掌握全塔物料衡算和塔操作的过程分析。

2. 实验原理

甲缩醛具有优良的理化性能,如溶解性好、低沸点、水相溶性好等,能广泛应用于化妆品、药品、汽车用品、杀虫剂、清洁剂、橡胶工业、油漆等产品中。

反应精馏过程不同于一般精馏,它既有物理相变的传递现象,又有化学反应现象。两者同时存在,相互影响,使过程更加复杂。因此,反应精馏对下面两种情况特别适用:①可逆平衡反应。一般情况下,反应受平衡影响,转化率只能维护在平衡转化的水平;但是,若生成物中有低沸点或高沸点物质存在,则精馏过程可使其连续地从系统中排出,结果超过平衡转化率,大大提高了效率。②异构体混合物分离。通常因它们的沸点接近,靠一般精馏方法不易分离提纯,若异构体中某组分能发生化学反应并能生成沸点不同的物质,这时可在过程中得以分离。

本实验以甲醛与甲醇缩合生产甲缩醛的反应为对象进行反应精馏工艺研究。合成甲缩醛的反应为

$$2CH_3OH + CH_2O = C_3H_6O + H_2O$$

该反应是在酸催化条件下进行的可逆放热反应,受平衡转化率的限制,若采用传统的先反应后分离的方法,即使以高浓度的甲醛水溶液(30%~40%)为原料,甲醛的转化率也只能达到 60%左右,大量未反应的稀甲醛不仅给后续的分离造成困难,而且稀甲醛浓缩时产生的甲酸对设备的腐蚀严重。而采用反应精馏的方法则可有效地克服平衡转化率这一热力学障碍,因为该反应物系中各组分相对挥发度的大小次序为:$\alpha_{甲缩醛} > \alpha_{甲醇} > \alpha_{甲醛} > \alpha_{水}$,可见,由于产物甲缩醛具有最大的相对挥发度,利用精馏的作用可将其不断地从系统中分离出去,促使平衡向生成产物的方向移动,大幅度提高甲醛的平衡转化率,若原料配比控制合理,甚至可达到接近平衡转化率。

此外,采用反应精馏技术还具有如下优点。

(1) 在合理的工艺及设备条件下,可从塔顶直接获得合格的甲缩醛产品。

(2) 反应和分离在同一设备中进行,可节省设备费用和操作费用。

(3) 反应热直接用于精馏过程,可降低能耗。

(4) 由于精馏的提浓作用,对原料甲醛的浓度要求降低,质量分数为 7%~38%的甲醛水溶液均可直接使用。

本实验采用连续反应精馏装置,考查原料甲醛的浓度,甲醛与甲醇的配比、催化剂浓度、回流比等因素对塔顶产物的纯度和生成速率的影响,择优选出最佳的工艺条件。实验中,各因素水平变化的范围是:甲醛溶液浓度(质量分数)12%~38%,甲醛∶甲醇(物质的量之比)为 1∶8~1∶2,催化剂浓度(质量分数)1%~3%,回流比 5~15。

全过程可用物料衡算式和热量衡算式描述。

(1) 物料衡算方程

对第 j 块理论板上的 i 组分进行物料衡算:

$$L_{j-1}X_{i,j-1} + V_{j+1}Y_{i,j+1} + F_jZ_{j,i} + R_{i,j}$$
$$= V_jY_{i,j} + L_jX_{i,j}$$

(2) 汽液平衡方程

对平衡级上某组分 i 有如下平衡关系:

$$K_{ij} \cdot X_{ij} - Y_{ij} = 0$$

每块板上组成的总和应符合下式：

$$\sum_{i=1}^{n} Y_{i,\,j} = 1,$$

$$\sum_{i=1}^{n} X_{i,\,j} = 1$$

（3）反应速率方程

$$R_{ij} = K_j P_j \left[\frac{X_{ij}}{\sum Q_{ij} \cdot X_{ij}} \right] \times 10^5$$

（4）热量衡算方程

$$L_{j-1},\, h_{ij-1} + V_{j+1} H_{j+1} + F_j H_{rj} +$$
$$R_j H_{rj} - V_j H_j - L_j h_j - Q = 0$$

3. 实验装置

实验装置如图 8-5 所示。

反应精馏塔用玻璃制成。直径 20 mm，塔高 1 500 mm，塔内填装 $\phi = 2$ mm$\times 2$ mm 不锈钢填料（316L）。塔外壁镀有金属膜，通电流使塔身加热保温。塔釜为一玻璃容器并有电加热器加热。塔顶冷凝液体的回流采用摆动式回流比控制器操作。此控制系统由塔头上摆锤、电磁铁线圈、回流比计数拨码电子仪表组成。

4. 实验步骤及方法

（1）实验药品

甲醛，甲醇，乙醇（分析纯）；乙酸（分析纯）；浓硫酸 6 滴。

（2）实验步骤及方法

间歇操作

①将乙醇、乙酸各 80 g，浓硫酸 6 滴约 0.24 g 倒入塔釜内，开启釜加热系统。开启塔身保温电源。待塔身有蒸气上升时，开启塔顶冷凝水。②当塔顶摆锤上有液体出现时，进行全回流操作。15 min 后，设定回流比为 3∶1，开启回流比控制电源。③30 min 后，用微量注射器在塔身三个不同高度取样，应尽量保证同步。④分别将 0.25 μL 样品注入色谱分析仪，记录

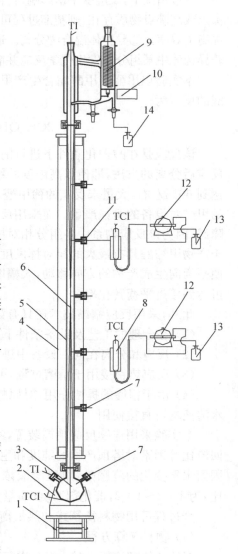

图 8-5　实验装置

实验装置名称：TI—测温；TCI—控温；1—升降台；2—加热包；3—塔釜；4—塔保温套；5—玻璃塔体；6—填料；7—取样口；8—预热器；9—塔头；10—电磁铁；11—加料口；12—进料泵；13—加料罐；14—馏出液收集瓶。

结果。注射器用后应用蒸馏水、丙酮清洗,以备后用。⑤重复③④步操作。⑥关闭塔釜及塔身加热电源及冷凝水。对馏出液及釜残液进行称重和色谱分析(当持液全部流至塔釜后才取釜残液),关闭总电源。

5. 实验记录与数据处理

(1) 色谱分析条件:

载气 1 柱前压 0.05 MPa, 30 mL/min;载气 2 柱前压 0.05 MPa,桥电流 100,信号衰减 1;柱温 130℃,汽化温度 130℃,检测温度 130℃。

组分	质量校正因子,f_i	组分	质量校正因子,f_i
水	0.549	乙酸	1.225
乙醇	1	进样量	0.25 μL
乙酸乙酯	1.109		

(2) 对侧线产品的色谱分析

对塔釜加热 15 min 后,把回流比调到 3∶1,每 30 min 取样分析:

时间/min	塔顶温度/℃	釜温/℃	取样口高度/mm	物质	反应时间/s	面积分数/%	质量分数/%
30			350	水			
				乙醇			
				乙酸乙酯			
			670	水			
				乙醇			
				乙酸乙酯			
			890	水			
				乙醇			
				乙酸乙酯			
60			350	水			
				乙醇			
				乙酸乙酯			
			670	水			
				乙醇			
				乙酸乙酯			
			890	水			
				乙醇			
				乙酸乙酯			

计算示例:(以第一组的 350 mm 为例)

$$水的含量 = \frac{8.750 \times 0.549}{8.750 \times 0.549 + 25.560 + 65.690 \times 1.109} \times 100\%$$
$$= 4.65\%$$

$$计算乙醇的含量 = \frac{25.560}{8.750 \times 0.549 + 25.560 + 65.690 \times 1.109} \times 100\%$$
$$= 24.77\%$$

$$计算乙酸乙酯的含量 = \frac{65.690 \times 1.109}{8.750 \times 0.549 + 25.560 + 65.690 \times 1.109} \times 100\%$$
$$= 70.58\%$$

(3) 对最终塔顶塔底产品的色谱分析

① 塔顶产品

塔顶产品的质量 = 180.10 − 85.67 = 94.43(g)

物质	反应时间/s	面积分数/%	质量分数/%
水	0.250	9.054	4.80
乙醇	0.683	20.057	19.35
乙酸乙酯	2.527	70.889	75.85

② 塔釜产品

塔釜产品的质量 = 137.58 − 78.29 = 59.29(g)

物质	反应时间/s	面积分数/%	质量分数/%
水	0.283	34.528	20.66
乙醇	0.720	23.636	25.76
乙酸乙酯	2.193	17.984	21.74
乙酸	2.860	23.852	31.84

(4) 转化率

转化率 = (乙酸加料量 − 釜残液乙酸量)/乙酸加料量

$$= \frac{80.12 - 59.29 \times 0.318\,4}{80.12} \times 100\% = 76.44\%$$

(5) 收率

$$收率 = \frac{\dfrac{94.43 \times 0.758\,5 + 59.29 \times 0.217\,4}{88}}{\dfrac{80.12}{60}} \times 100\%$$

$$= \frac{0.960\,4}{1.335\,3} \times 100\% = 71.92\%$$

（6）物料衡算

① 塔顶产品中， 　　　水：$94.43 \times 0.048 = 4.53(g)$

　　　　　　　　　　乙醇：$94.43 \times 0.195\,3 = 18.44(g)$

　　　　　　　　　　乙酸乙酯：$94.43 \times 0.758\,5 = 71.63(g)$

② 塔釜产品中， 　　　水：$59.29 \times 0.206\,6 = 12.25(g)$

　　　　　　　　　　乙醇：$59.29 \times 0.257\,6 = 15.27(g)$

　　　　　　　　　　乙酸乙酯：$59.29 \times 0.217\,4 = 12.89(g)$

　　　　　　　　　　乙酸：$59.29 \times 0.318\,4 = 18.88(g)$

反应中产生的乙酸乙酯 $= 71.63 + 12.89 = 84.52(g)$

消耗的乙醇 $= \dfrac{84.52}{88} \times 46 = 44.18(g)$

消耗的乙酸 $= \dfrac{84.52}{88} \times 60 = 57.63(g)$

理论上剩余乙醇 $= 80.42 - 44.18 = 36.24(g)$

实际剩余乙醇 $= 18.44 + 15.27 = 33.71(g)$

所以乙醇基本衡算。

理论上剩余乙酸 $= 80.12 - 57.63 = 22.49(g)$

实际剩余乙酸 $= 18.88(g)$

所以乙酸基本衡算。

原料总质量 $= 80.42 + 80.12 = 160.54(g)$

产物总质量 $= 94.43 + 59.29 = 153.72(g)$

所以总质量基本衡算。

6. 结果与讨论

（1）该反应先进行 15 min 的全回流操作，目的是润湿塔内填料，为后面进行更全面的传质。

（2）取样时三个取样口一定要同时进行，这样色谱分析的结果才有可比性。

（3）由数据可以看出，随着塔高度的增加，样品中乙酸乙酯的含量是递增的；乙醇和水的量都递减，因为酯、水和乙醇三元恒沸物的沸点低于乙醇和乙酸的沸点。

7. 思考题

（1）反应精馏操作中如何确定甲醇和甲醛的加料位置？

（2）不同回流比对产物分布有何影响？

（3）加料时物质的量之比应保持多少为最佳？

（4）采用反应精馏工艺制备甲缩醛，从哪些方面体现了工艺与工程相结合所带来的优势？

（5）怎样提高酯化收率？

（6）是不是所有的可逆反应都可以采用反应精馏工艺来提高平衡转化率？为什么？

8.4 超临界流体萃取实验（实验二十三）

1. 实验目的

（1）通过超临界流体萃取实验，了解超临界流体、超临界二氧化碳的特点；
（2）掌握超临界流体萃取原理和过程影响因素；
（3）掌握超临界二氧化碳萃取过程的特点及应用范围。

2. 实验原理

超临界是介于气液之间的一种既非气态又非液态的物态，这种物质只能在其温度和压力超过临界点时才能存在。超临界流体的密度较大，与液体相仿，而它的黏度又较接近于气体，因此超临界流体是一种十分理想的萃取剂。由于二氧化碳具有理想的超临界特性，因此成为目前最理想的超临界萃取流体。

超临界流体萃取通过改变过程流体的密度来改变流体的溶解能力，从而实现物质的萃取和分离。图 8-6 给出了一般物质的对比压力与对比密度之间的关系。由图 8-6 中可知，物质在临界点的特征为

$$\left(\frac{\partial p}{\partial V}\right)_{T_c} = 0, \qquad \left(\frac{\partial^2 p}{\partial V^2}\right)_{T_c} = 0$$

即在临界点附近，微小的压力变化会引起流体密度的巨大变化。在临界温度附近，相当于 $T_r = 1 \sim 1.2$ 时，流体有很大的可压缩性。在对比压力 $p_r = 0.7 \sim 2$，适当增加压力可使流体的密度很快增大到接近普通液体的密度，使流体具有类似液体的溶解能力，且密度随温度和压力的变化而连续变化。流体的密度大，溶解能力大；反之，溶解能力就小。

用于高附加值产品的超临界萃取，过程最常用的流体为 CO_2，它具有无毒、无臭、不燃、价廉易得的优点。CO_2 临界温度 31.04℃，临界压力 7.38 MPa，临界密度 0.468 g/L，只需改变压力，就可在近常温的条件下萃取分离和溶剂 CO_2 再生。而传统的有机溶剂萃取过程，通常要用加热蒸发等方法把溶剂和萃取物分开，这样不仅消耗能源，在许多情况下还会造成萃取物中低挥发性组分或热敏性物质的损失，得到的萃取物还常常含有残留的有机溶剂，产品可能有异味，因而影响产品的质量。采用超临界 CO_2 萃取技术可克服这些弊端，故超临界 CO_2 萃取技术特别适用于热敏性、易氧化物质及天然植物有效成分的提取。

超临界 CO_2 对脂溶性的物质有较好的溶解性能，但对一些极性较强的物质，其溶解能力很小甚至不溶，适当调节超临界 CO_2 的极性，如超临界 CO_2 中携带甲醇，乙醇之类极性较强的溶剂，可改善超临界 CO_2 对强极性物质的溶解性能。

图 8-6 为压力与温度关系图；图 8-7 为 CO_2 对比温度和对比压力关系图。

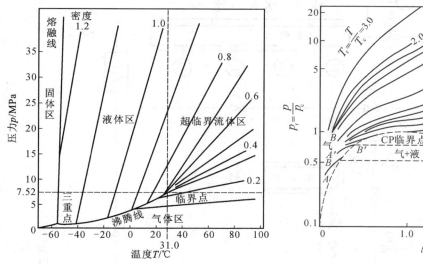

图 8-6　压力与温度关系图

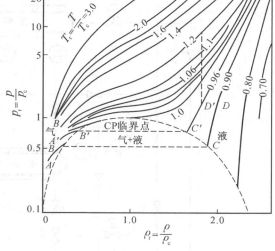

图 8-7　CO_2 对比温度和对比压力关系图

3. 装置的主要构成及主要技术参数

HA121-50-02 型超临界萃取装置由下列部分组成：纯度为 ≥99.9% 的食用级 CO_2 气瓶（用户自备）、制冷装置、温度控显系统、压力控显系统、安全保护装置、携带剂罐、净化器、混合器、热交换器、储罐、流量为 50 L/h 和 4 L/h 的柱塞泵、2 L/50 MPa 萃取缸、0.6 L/30 MPa 分离器、精馏柱、电控柜、阀门、管件及柜架等组成，具体流程见图 8-8。

(1) 最高萃取压力：50 MPa；

(2) 单缸萃取容积：2 L/50 MPa；

(3) 分离釜容积：0.6 L/30 MPa，2 只；

(4) 萃取温度：常温～85℃可调；

(5) 最大流量：0～50 L/h 可调，泵头带冷却；

(6) 双柱塞泵：0～4 L/h 可调。

4. 实验步骤及方法

(1) 原料预处理：若原料为固体时，需进行粉碎使固体颗粒小于 20 目，经粉碎的原料填装到萃取釜内，然后按图 8-8 所示的流程连接好萃取器、分离器，紧固各接口。

(2) 开机前的准备工作：

① 首先检查电源、三相四线是否完好无缺（AC 380V/50Hz）。

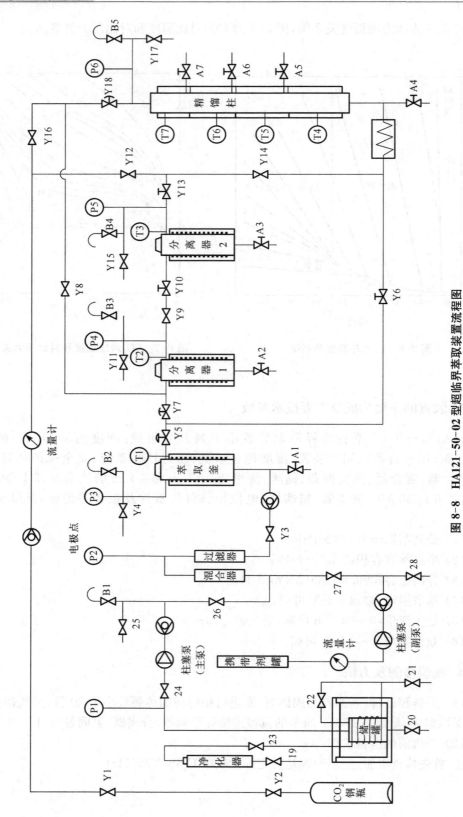

图 8-8　HA121-50-02 型超临界萃取装置流程图

② 冷冻机及储罐的冷却水源是否畅通,冷箱内为 30% 乙二醇 + 70% 水溶液。冷箱内搅拌泵用于冷箱内搅拌和 CO_2 泵头冷却。

③ CO_2 气瓶压力保证在 $5\sim6$ MPa 的气压,且食品级净重 $\geqslant22$ kg。

④ 检查管路接头以及各连接部位是否牢靠。

⑤ 向换热箱内加入冷水,不宜太满,离箱盖 2 cm 左右。每次开机前都要查水位。

⑥ 萃取原料装入料筒,原料不应安装太满,离过滤网 $2\sim3$ cm 左右。

⑦ 将料筒装入萃取缸,盖好压环及上堵头。

⑧ 如果萃取液体物料或需加入夹带剂时,将液料放入携带剂罐,可用泵压入萃取缸内。

(3) 开机操作顺序:

① 先送空气开关,如三相电源指示灯都亮,则说明电源已接通,再启动电源的(绿色)按钮。

② 接通制冷开关,同时接通水循环开关。

③ 开始加温,先将萃取缸、分离Ⅰ、分离Ⅱ的加热开关接通,将各自控温仪表调整到各自所需的设定温度。如果精馏柱参加整机循环需打开与精馏柱相应的加热开关,相应的控温仪表调整到各自所需的设定温度。

④ 在冷冻机温度降到 4℃ 左右,且萃取、分离Ⅰ、分离Ⅱ温度接近设定的要求后,进行下列操作。

⑤ 开始制冷的同时将 CO_2 气瓶通过阀门 2 进入净化器、冷盘管和储罐,CO_2 进行液化,液态 CO_2 通过柱塞泵Ⅰ、混合器、净化器进入萃取缸(萃取缸已装样品且关闭上堵头),等压力平衡后,打开萃取缸放空阀门 4,慢慢放掉残留空气,降低部分压力后,关闭放空阀。

⑥ 加压力:先将电极点拨到需要的压力(上限),启动泵Ⅰ绿色按钮,如果流量过小时,手按触摸开关"▲",泵转速加快,直至流量达到要求时松开,如果流量过大,可手按触摸开关"▼",泵转速减小,直至流量降到要求时松开,数位操作器按键的详细说明,可参照变频器使用手册。当压力加到接近设定压力(提前 1 MPa 左右),开始打开萃取缸后面的节流阀门,具体怎样调节,根据下面不同流向。

注意:每次萃取釜进气前,阀门 5 逆时针旋转到头的位置。工作时应缓慢顺时针旋转到需要压力值。

关闭所有放空阀:V4、V11、V15、V17、V19、V20、V21、V25、V28;

关闭所有放液阀:A1、A2、A3、A4、A5、A6、A7;

气态 CO_2 进入储罐:打开钢瓶阀门,打开 V2、V22、V23,P1 压力表显示储罐压力值。

主泵工作时:都要打开气瓶阀门,阀门 2、22、23、24、26,开启高压泵,高压 CO_2 装满混合器、过滤器,P2 电极点压力表检测混合器压力,控制高压泵的启动停止。

向萃取缸内注入携带剂(或液体物料)时,将携带剂(液体物料)装入携带剂罐,打开阀门27,开启携带剂泵。不需要注入携带剂(液体物料)时,务必关闭阀门 27。

该装置主要流程路线如下。

(a) 萃取缸 → 分离器Ⅰ → 分离器Ⅱ → 回路(主回路)

缓慢打开阀门 3,CO_2 进萃取缸。待萃取缸压力平衡,不再上升时,开阀门 5、7 进入分离Ⅰ,开阀门 9、10 进入分离Ⅱ,开阀门 13、12、1 回路循环;调节阀门 7 控制萃取缸压力,调节阀门 10 控制分离Ⅰ压力,调节阀门 13 控制分离Ⅱ压力。

(b) 萃取缸→分离器Ⅰ→分离器Ⅱ→精馏柱→回路

缓慢打开阀门 3,CO_2 进入萃取缸。待萃取缸压力平衡,不再上升时,开阀门 5、7 进入分离Ⅰ,开阀门 9、10 进入分离Ⅱ,开阀门 13、14 进入精馏柱,开阀门 18、16、1 回路循环;调节阀门 7 控制萃取缸压力,调节阀门 10 控制分离Ⅰ压力,调节阀门 13 控制分离Ⅱ压力,调节阀门 18 控制精馏柱压力。

(c) 萃取缸→精馏柱→分离器Ⅰ→分离器Ⅱ→回路

缓慢打开阀门 3,CO_2 进入萃取缸。待萃取缸压力平衡,不再上升时,开阀门 5、6 进入精馏柱,开阀门 18、8 进入分离Ⅰ,开阀门 9、10 进入分离Ⅱ,开阀门 13、12、1 回路循环。调节阀门 6 控制萃取缸压力,调节阀门 18 控制精馏柱压力,调节阀门 10 控制分离Ⅰ压力,调节阀门 13 控制分离Ⅱ压力。

注意:系统正常循环工作时,可关闭阀门 2,此时需务必注意观察储罐压力,如果储罐压力降低到 4.2～4.5 MPa 之间时(因中途放料或其他原因),需打开阀门 2,向储罐内补充 CO_2,请务必注意维持储罐压力在 5.5 MPa 左右。

⑦ 中途停泵时,只需按数位操作上的 $\boxed{\text{STOP}}$ 键。

⑧ 萃取完成后,打开阀门 5,萃取缸内压力放入后面分离器或精馏柱内,待萃取缸内压力和后面平衡后,再关闭阀门 3、阀门 7、阀门 6,打开放空阀门 4 及阀门 a_1,待萃取缸没有压力后,打开萃取缸盖,取出料筒为止,整个萃取过程结束。

⑨ 分离出来物质分别在阀门 a_2、a_3、a_4、a_5、a_6、a_7 处取出。

(4) 注意事项及故障处理:

① 此装置为高压流动装置,非熟悉本系统流程者不得操作,高压运转时不得离开岗位,如发生异常情况要立即停机关闭总电源检查。

② 用户在使用时,要遵循"先加温,后加压"的操作顺序,即按照操作步骤中的加温加压工序进行,先加温至设定温度,后进行加压,以免发生超压现象而出现危险。

③ 制冷系统

(a) 开机前及正常运转时须检查压缩机油面线是否正常,一般情况不会缺油,如过低须加入冷机专用油 25#(新型号为 40#)。

(b) 冷机正常运转时,高压表指示夏天为 1.5～2 MPa、冬天为 1～1.5 MPa(高压保护 2.2 MPa),低压表为 0.2～0.3 MPa。如果过低制冷效果差,可适当加入 R22 氟利昂(可以从低压阀口加入)。

(c) 冷机开启前,高低表均有压力,但开机后,低压表为 0,且冷机频繁启动、停止,可能原因为:过滤器、膨胀阀或电磁阀堵塞。

处理步骤如下。

(a) 关闭储罐供液阀,启动冷机开关,回收氟利昂,当低压表降为零下时关闭冷机。

(b) 打开过滤器,膨胀阀下口(过滤心)清洗过滤网。

(c) 清洗完毕,装上过滤器及膨胀阀后,关闭高压阀,打开放空接头进行冷机抽空,抽到低压表为小于 0 且高压出口没有空气为止。

(d) 拧紧高压放空接头(帽),再打开高压阀及供液阀即可。

注:以上情况属非正常现象,如出现最好请专业人员解决。

④ CO_2 流体系统

（a）CO_2 泵运行应检查泵头是否有冷却循环水（冷箱内供给）。

（b）开始加压时应等冷箱制冷温度达到要求，同时打开泵出口端放空阀门进行放空。

（c）应检查电接点压力表是否控制停泵（人为试验检查）。

（d）因 CO_2 或物料含水，可能出现冷箱内高压盘管冰堵。故障现象为储罐压力显示较低（低于 CO_2 并出口压力），不能循环。解决方法如下。

（a）经常从净化器底部阀门放水。

（b）如出现冰堵，将冷箱盖打开，让冷箱温度自然上升至室温用氮气从盘管一端吹扫至另一端，直至将水分吹干。

⑤ 加热控温系统

（a）开机时须检查三相四线电源是否正确，禁止缺相运行。

（b）每次开机（每班）都要检查各加热水箱的水位。不够应及时补充（因温度高蒸发），否则会烧坏加热管，同时须查水泵电机是否运转，防止水垢卡死转轴而烧坏电机。

（c）如果测量温度远远高于设定温度，或者水浴内的水被烧开，可能原因为双向可控硅被击穿，而不起控制作用，此时只要更换对应的可控硅就可以了。

⑥ 泵在一定时间内要更换润滑油。

⑦ 加热水箱保养：（a）长时间不用，请将水排放防止冬天冷坏保温套和腐蚀循环水泵。（b）一般开机前检查水箱水位，不够应补充（因温度蒸发），否则会烧坏加热管，同时检查循环水泵、转动轴是否灵活转动，防止水垢卡死转轴烧坏电机。

5. 实验数据处理

（1）CO_2 中溶质浓度 c 的计算：c 为某一时间内分离器内得到的溶质质量与该段时间内 CO_2 的体积之比，单位 g/L（标准态 CO_2）。

（2）产品收率 β：

$$\beta = \frac{产品质量}{原料质量} \times 100\%$$

（3）溶剂比：消耗的 CO_2 与原料之比（g/g）。

6. 结果与讨论

（1）超临界流体萃取过程热力学分析；
（2）萃取过程影响因素；
（3）超临界流体萃取的特点。

7. 思考题

（1）超临界流体萃取过程的主要操作参数是什么？试叙述压力、温度对萃取过程的影响。

（2）为什么选择超 CO_2 为超临界萃取剂？临界 CO_2 萃取与传统有机溶剂萃取的区别有哪些？有哪些特点？适用哪些物质提取分离？

（3）影响超临界二氧化碳萃取效率的因素有哪些？如何得到最佳工艺条件？

（4）何为超临界流体？超临界流体的特性是什么？超临界流体与气体、液体的区别是什么？

（5）超临界萃取的原理是什么？如何实现超临界状态？

第9章　研究开发实验

研究开发实验将从化学工程和化学工艺学科发展对相关实验教学所提出的要求出发,重新构造教学内容框架,突出现代化学工程从单元技术研究向化学产品为对象的综合技术研究转变的特点。化学工程与工艺专业实验中研究开发实验是把基础数据测定实验、化学反应工程实验、化工分离工程实验和化工工艺实验的基础理论知识进行综合,运用这些知识对实际社会需要的产品进行设计和开发,实现知识的融合,真正达到学以致用的目的,以使学生真正体会化工专业知识的用武之地,提高同学们学习化工专业的兴趣。本章重视基础概念,加强技能训练,提高过程综合能力培养的教学思想,为以后的工作和学习打下坚实的基础。

9.1　分子蒸馏提取不饱和脂肪酸开发实验(实验二十四)

1. 实验目的

(1) 了解分子蒸馏的原理和特点;
(2) 熟悉分子蒸馏设备的构造,掌握分子蒸馏操作方法。

2. 实验原理

分子蒸馏是一种特殊的液液分离技术,它的原理不同于传统蒸馏依靠沸点差分离原理,而是靠不同物质分子运动平均自由程的差别实现分离。当液体混合物沿加热板流动并被加热,轻、重分子会逸出液面而进入气相,由于轻、重分子的自由程不同,因此,不同物质的分子从液面逸出后移动距离不同,若能恰当地设置一块冷凝板,则轻分子达到冷凝板被冷凝排出,而重分子达不到冷凝板沿混合液排出,达到物质分离的目的。由于其具有蒸馏温度低于物料的沸点、蒸馏压强低、受热时间短、分离程度高等特点,因而能大大降低高沸点物料的分离成本,极好地保护了热敏物料的特征品质。该项技术用于天然保健品的提取,可摆脱化学处理方法的束缚,真正保持了纯天然的特性,使保健产品的质量迈上一个新台阶。

1) 原理

利用平均分子自由径差异分离出大分子与小分子的物质。

(1) 分子运动平均自由程

任一分子在运动过程中都在不断变化自由程,在某时间间隔内自由程的平均值为平均自由程。设 V_m 为某一分子的平均速度,f 为碰撞频率,λ_m 为平均自由程。

因为 $\lambda = V/f$, 所以 $f = V/\lambda$。

由热力学原理可知，

$$f = \frac{21}{2} V_m \pi d^2 p / (KT)$$

式中，d 为分子有效直径，p 为分子所处空间的压强，T 为分子所处环境的温度，K 为玻耳兹曼常数。则

$$\lambda_m = \frac{KT}{\frac{21}{2}\pi d^2 p}$$

（2）分子运动平均自由程的分布规律

分子运动自由程的分布规律可表示为

$$F = 1 - e - \lambda/\lambda',$$

式中，F 为自由程小于或等于 λ 的概率；λ 为分子运动的平均自由程；λ' 为分子运动自由程。由公式可以得出，对于一群相同状态下的运动分子，其自由程等于或大于平均自由程 λ_m 的概率为 $1 - F = e - \lambda/\lambda'$。

（3）分子蒸馏的基本原理

由分子运动平均自由程的公式可以看出，不同种类的分子，由于其分子有效直径不同，其平均自由程也不相同，换句话说，不同种类的分子逸出液面后与其他分子碰撞的飞行距离是不相同的。

分子蒸馏技术正是利用不同种类分子逸出液面后平均自由程不同的性质实现的。轻分子的平均自由程大，重分子的平均自由程小，若在离液面小于轻分子的平均自由程而大于重分子平均自由程处设置一冷凝面，使得轻分子落在冷凝面上被冷凝，而重分子因达不到冷凝面而返回原来液面，这样混合物就分离了。

2）分子蒸馏的特点

（1）分子蒸馏的操作温度

由分子蒸馏原理得知，混合物的分离是由于不同种类的分子逸出液面后的平均自由程不同的性质来实现的，并不需要沸腾，所以分子蒸馏是在远低于沸点的温度下进行操作的。这点与常规蒸馏有本质的区别。

（2）蒸馏压强低

由于分子蒸馏装置独特的结构形式，其内部压降极小，可以获得很高的真空度，因此分子蒸馏是在很低的压强下进行操作，一般为 10^{-1} Pa 数量级（10^{-3} Torr 数量级）。

从以上两个特点可知，分子蒸馏一般是在远低于常规蒸馏温度的情况下进行操作的。一般常规真空蒸馏或真空精馏由于在沸腾状态下操作，其蒸发温度比分子蒸馏高得多。加之其塔板或填料的阻力，比分子蒸馏大得多，所以其操作温度比分子蒸馏高得多。

如某混合物在真空蒸馏时的操作温度为 260℃，而在分子蒸馏中仅为 150℃。

（3）受热时间短

由分子蒸馏原理可知，受加热的液面与冷凝面间的距离要求小于轻分子的平均自由程，而由液面逸出的轻分子，几乎未经碰撞就到达冷凝面，所以受热时间很短。另外，混合液体呈薄膜状，使液面与加热面的面积几乎相等，这样物料在蒸馏过程中受热时间就变得更短。对真空蒸馏而言，受热时间为 1 h，而分子蒸馏仅为 10 s 左右。

（4）分离程度更高

分子蒸馏能分离常规蒸馏不易分开的物质。分子蒸馏的相对挥发度

$$\alpha_\tau = p_1/p_2 \cdot (M_2/M_1)^{1/2}。$$

式中，M_1 为轻组分相对分子质量；M_2 为重组分相对分子质量。而常规蒸馏时的相对挥发度，$\alpha = p_1/p_2$。在 p_1/p_2 相同的情况下，重组分的相对分子质量 M_2 比轻组分的相对分子质量 M_1 大；所以 α_τ 比 α 大。这就表明同种混合液分子蒸馏较常规蒸馏更易分离。

分子蒸馏的特点决定了它在实际应用中较传统技术有以下明显的优势：

（1）由于分子蒸馏真空度高，操作温度低且受热时间短，对于高沸点和热敏性及易氧化物料的分离，有常规方法不可比拟的优点，能极好地保证物料的天然品质，可被广泛应用于天然物质的提取。

（2）分子蒸馏不仅能有效地去除液体中的低分子物质（如有机溶剂等），而且有选择性地蒸出目的产物，去除其他杂质，因此被视为天然品质的保护者和回归者。

（3）分子蒸馏能实现传统分离方法无法实现的物理过程，因此，在一些高价值物料的分离上被广泛作为脱臭、脱色及提纯的手段。

深海鱼油中富含的全顺式高度不饱和脂肪酸二十碳五烯酸（简称 EPA）、二十二碳六烯酸（简称 DHA）具有很好的生理活性，研究表明，EPA、DHA 对胎儿的健康成长、心血管疾病的防治、老年人的抗衰老都有积极的作用，被认为是很有潜力的天然药物、营养保健品和功能食品。从深海鱼油中分离 EPA、DHA 的传统方法有尿素包合沉淀法和冷冻法。本实验用分子蒸馏法分离纯化 EPA、DHA。

3. 实验装置操作流程及注意事项

1）分子蒸馏实验装置图

分子蒸馏实验装置主要由原料罐、分子蒸馏器和扩散泵等组成，如图 9-1 所示。

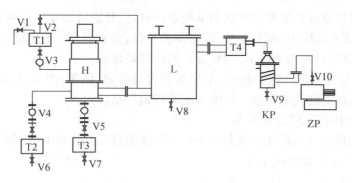

图 9-1　乱膜式分子蒸馏实验装置

T1—原料罐；T2—蒸余物储缺罐；T3—蒸出物储缺罐；T4—冷阱罐；
H—分子蒸馏器；L—冷却器；KP—扩散泵；ZP—真空泵；V1～V10—阀门

2）实验装置操作步骤

（1）检查准备。

① 检查各阀门、电器、仪表是否处于良好状态。

数显真空计的使用：(a)打开开关；(b)约 30 min 后；(c)常压下查看真空计的读数是否显示"1.0e5"，如不是，则调整。调整方法：用小一字螺丝刀深到满度槽内旋转（顺时针调大，逆时针调小）。

② 检查管道是否连接通畅。

③ 检查温度探测点里是否有传热介质以及温度传感器(PT100)是否探测到合适位置。

(2) 通电打开控制柜，合上空气开关。

(3) 加热与冷却。

① 恒温槽通电后打开上加热按钮和泵循环按钮并设定加热温度；

② 分子短程蒸馏器中心冷凝器中通入冷却水；

③ 油扩散泵通入冷却水。

(4) 开真空泵。

① 真空机组开启顺序

开机顺序：(a)扩散泵通入冷却水；(b)关闭分蒸系统上所有的排气阀；(c)开扩散泵碟阀(V1)、开扩散泵气阀(V3)、开旁通阀(V2)；(d)打开旋片真空泵；(e)当真空计读数≤3.0e1（即系统真空度高于 30 Pa）时，打开扩散泵加热；(f)约 5 mim 后，关旁通阀(V2)；(g)约 30 min 后，扩散泵启动（此时系统真空度高于 0.1 Pa）。

② 真空机组关机顺序

关机顺序：(a)关碟阀(V1)、关扩散泵气阀(V3)；(b)开旁通阀(V2)；(c)关扩散泵加热；(d)关旁通阀(V2)；(e)系统排真空；(f)关旋片真空泵；(g)待扩散泵冷却后停止通冷却水；(h)断电。

(5) 打开搅拌电机，并设定搅拌转速。

打开电控柜上变频器按钮开关→变频器液晶面板上数字闪烁→按 RUN 键（FWD 灯亮）→不停按 ENTER 键→出现 B014→变频器液晶面板上显示数字（此时数字即为搅拌转速）→调节电位器→调节电机转速。

(6) 进料。

当分子蒸馏系统真空度及温度达到试验条件时，打开进料泵开关并调节进料量大小，开始进料。注意：试验过程中，需要调节、摸索实验条件：蒸发温度、进料量、系统真空度、搅拌电机转速等，在合适的实验条件下，物料分离的效果最理想。

注意：① 计量泵管道为硅胶材料，不耐某些有机溶剂（如苯、四氢呋喃等）溶胀，根据实际物系情况可选择更换其他材料。详细情况可咨询厂家。

② 计量泵的操作见使用说明书。

③ 计量泵转速(X r/min)对应流量(Y mL/min)关系（常压、水、20℃时测定）：$Y=1.838X$。

④ 计量泵的入口及出口方向。

(7) 实验结束。

实验结束关机顺序：停止进料、关闭装置上所有电加热器（包括蒸发釜电热套）、关闭罗茨真空泵、关闭旋片真空泵、卸系统真空（打开排气口）、关闭电源、取料。

4. 实验方法

1) 实验原料和仪器

原材料：饲料用精制鱼油，食用酒精，无水乙醇(A.R)，乙醇钠(C.P)，NaCl(食用级)；

仪器:气相色谱仪,GC-14A 型,日本岛津生产;玻璃分子蒸馏器。

2)实验方法

(1)原料鱼油的脱酸

用玻璃分子蒸馏器,在柱温 180℃、真空度 0.5 Pa 下进行,脱酸蒸馏两次,测定脱酸前后鱼油的酸值。

酸值测定

准确称取 1 g 精制鱼油,放入 250 mL 锥形瓶中,水浴加热。向溶液加 1 mL 酚酞指示剂(0.5%的酚酞乙醇溶液),用 0.5 mol/L KOH-乙醇溶液在快速搅拌下滴定。终点时粉红色至少保持 10 s。则:

$$A_t = 56.1MV/W$$

式中 A_t——酸值,mg(KOH)/g;

M——KOH 摩尔浓度,mol/L;

V——KOH 体积,mL;

W——样品质量,g。

(2)制备鱼油脂肪酸乙酯

将脱酸鱼油同含有鱼油量 0.5%乙醇钠的无水乙醇混合,两者间的质量比为 3∶1,在物料温度 83℃下回流 1.5 h,用磷酸中和催化剂碱,用 15%的 NaCl 水溶液洗涤数次以除去反应形成的甘油,减压蒸馏去除物料的水分,抽滤除去反应物中可能含有的固状渣子,得到橙红色鱼油脂肪乙酯,计算收率,测定 EPA、DHA 乙酯含量。

(3)EPA、DHA 乙酯的分离提纯

在柱温 120℃,0.5 Pa 进行蒸馏,得到样品蒸余物样 A_2,样品 A_2 在 130℃、0.5 Pa 进行蒸馏,得到样品 B_2,样品 B_2 在 140℃、0.5 Pa 下蒸馏 2 次,得到蒸余物为样品 C_2,分别测定 A_2、B_2、C_2 的 EPA、DHA 乙酯含量。

(4)EPA、DHA 乙酯的纯度分析

色谱条件:Silicone OV-17 柱,30 m×3.2 mm,柱温 230℃,检测器 FID,温度 260℃,汽化室温度 260℃,载气 N_2 50 mL/min,H_2 45 mL/min,空气 500 mL/min,进样量 1.0 μL,确定 EPA、DHA 乙酯峰,按归一化方法确定其含量。

5.实验数据处理

样品	样品收率	样品 EPA+DHA
A_2		
B_2		
C_2		

6.思考题

(1)什么是分子蒸馏?

(2)影响分子蒸馏效果的关键因素是什么?

(3)如何产生超高真空?

（4）分子蒸馏与传统的精馏工艺有什么不同？

（5）分子蒸馏与超临界流体萃取技术有什么不同？

9.2 萃取精馏制备无水乙醇开发实验（实验二十五）

1. 实验目的

（1）学习测定相平衡数据；

（2）学习利用相平衡数据模拟计算萃取精馏塔及实验验证；

（3）了解萃取精馏的开发过程和方法；

（4）掌握精馏实验的基本操作。

2. 实验原理

乙醇与水具有恒沸物,制备无水乙醇,可用物理或物理与化学相结合的方法。由于萃取精馏操作条件的范围比较广泛,溶剂的浓度为热量与物料衡算所控制,而不是为恒沸点所控制的,溶剂在塔内也不需要挥发,故热量消耗比较少,工业上萃取精馏应用也更广泛。

1) 萃取精馏原理

萃取精馏需在原溶液中添加萃取剂,萃取剂不与被分离物系中的任一组分形成恒沸物,但能改变原溶液组分间的相对挥发度,且添加剂的沸点比原溶液各组分的沸点均高。

由化工热力学可知,在压力较低时,原溶液的相对挥发度表示为

$$\alpha_{12} = \frac{p_1^0 \gamma_1}{p_2^0 \gamma_2} \tag{9-1}$$

加入溶剂后组分 1、2 的相对挥发度 $(\alpha_{12})_S$ 则为

$$(\alpha_{12})_S = \left(\frac{p_1^0}{p_2^0}\right)_{TS} \left(\frac{\gamma_1}{\gamma_2}\right)_S \tag{9-2}$$

式中 $\left(\dfrac{p_1^0}{p_2^0}\right)_{TS}$ ——加入溶剂后三元混合物在泡点温度下,组分 1、2 的饱和蒸气压之比;

$\left(\dfrac{\gamma_1}{\gamma_2}\right)_S$ ——加入溶剂后组分 1、2 的活度系数之比;

一般把 $(\alpha_{12})_S/\alpha_{12}$ 叫作溶剂 S 的选择性。因此,萃取剂的选择性是指溶剂改变原有组分间相对挥发度数值的能力。$(\alpha_{12})_S/\alpha_{12}$ 越大,选择性越好。

由三元马格勒斯方程可得

$$\lg\left(\frac{\gamma_1}{\gamma_2}\right)_S = A'_{12}(x_2 - x_1) + x_S(A'_{1S} - A'_{2S}) \tag{9-3}$$

由式(9-3)可知,$A'_{1S} - A'_{2S}$ 越大,$\left(\dfrac{\gamma_1}{\gamma_2}\right)_S$ 越大,$(\alpha_{12})_S$ 也越大,溶剂的选择性越好。$(A'_{1S} - A'_{2S})$ 要大,则希望 A'_{1S} 要大。也就是说,希望萃取剂与塔顶组分 1 形成具有正偏差

的非理想溶液,且正偏差越大越好,而与塔釜产品应形成负偏差的非理想溶液或形成理想溶液,与塔釜产品形成理想溶液的萃取剂容易选择,一般可在其同系物或性质接近的物料中选取。

乙醇-水系统萃取剂的筛选根据从同物系中选择的原则,得出乙二醇是选择性很好的溶剂,而且乙二醇与水及乙醇均能完全互溶,不致在塔板上引起分层,也不与乙醇或水形成共沸物或起化学反应,容易再生,便于循环使用,且来源丰富,所以本实验选择乙二醇作为萃取剂。

2）乙醇-水-乙二醇系统的相平衡关系

正确的汽液相平衡关联是精馏模拟计算的基础。汽液相平衡常用平衡常数 K_i 进行关联,由平衡准则可得

$$K_i = \frac{\gamma_i f_i^0}{\hat{\varphi}_i^v p} \tag{9-4}$$

式中,f_i^0 为组分 i 的标准态逸度,$\hat{\varphi}_i^v$ 为组分 i 的逸度系数,p 为总压。当系统的压强较低,汽相可作为理想气体处理时,上式可简化为

$$K_i = \frac{\gamma_i p_i^0}{p} \tag{9-5}$$

式中,p_i^0 为组分 i 的蒸气压,通常可用安托因方程计算:

$$\ln p_i^0 = A - B/(T + C) \tag{9-6}$$

系数 A、B、C 由拟合实测蒸气压数据得到,有关手册上已收集了大量数据,可以查阅。汽液相平衡的预测关联主要是活度系数 γ_i,知道了 γ_i 与溶液组成的定量关系,就可以方便地进行各种汽液平衡的计算。自从 Wilson 1964 年提出局部组成概念,并导出了著名的 Wilson 活度系数模型后,活度系数的关联和预测取得了巨大进展。目前只需要能正确关联多元系中包含的各对两元物系的有关交互作用系数后,就能相当准确地推算多元系的活度系数。本实验中采用比较优越的 UNIQUAC 活度系数模型方程。

关于此三元系的三对二元系,乙醇-水的汽液平衡数据和水-乙二醇的汽液平衡数据刊载于相关文献,乙醇-水-乙二醇的汽液平衡数据可见相关文献,但未见乙醇-乙二醇这对二元系的实验数据,因此,本开发实验拟对乙醇-乙二醇汽液平衡数据进行实验测定。

由于乙醇-乙二醇系统的沸点相差很大,因此本实验采用适合于测定挥发度大的系统的陆子禹平衡釜。此平衡釜是汽液相同时循环的平衡釜,能正确测定平衡温度。

为了选择溶剂比,必须以汽液平衡关系为依据,当已知乙醇-水、乙醇-乙二醇、水-乙二醇三对二元系的活度系数关联式参数后,就可算出溶剂在各种用量下的选择性。为清晰地表明溶液对原混合液中各组分相对挥发度所产生的效果,

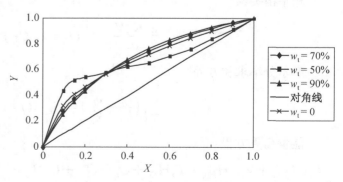

图 9-2　以脱溶剂基标绘的乙醇-水系统汽液平衡数据

常将溶剂-乙醇-水的汽液相平衡关系换算成脱溶剂基的乙醇-水的 x-y 曲线,如图 9-2 所示,图中每根曲线对应于一定的溶剂浓度。

3) 萃取精馏塔的模拟计算

前已提到,用电子计算机进行化工过程的模拟计算对化工过程进行开发较之经验放大方法有诸多优点,特别是对过程的优化。就拿萃取精馏来说,是个多变量系统,如回流比、溶剂比、塔板数、进料位置、分离程度等,而这些变量之间又是相关的,若用实验方法选优,工作量极大,而应用模拟计算,就不必做大量的实验,操作条件的选择及理论板数的求取均可在计算机上进行,使实验和计算工作量大为减少。

稳态多级分离过程的模拟,已有不少作者提出结合不同过程特点的计算方法,算法大致可以分成两类:①方程分离法,此法如三对角矩阵法,三对角矩阵是将 MESH 方程组中的 ME 方程结合,置于内层迭代求解,以 T_i 为迭代变量,依次用 M 方程解 x_{ij},用 S 方程解 T_j,在外层解 H 方程并不断修正 v_j。这类方法所需的储存单元少,但对高度非理想系统,由于 K 因子和焓是温度和组成的函数,物料衡算与能量衡算是高度非线性并相互影响,因此这类方法有稳定性问题或收敛很慢。②联立解所有的方程式,如 Naphtali-Sandholm 法,这种方法使用 Newton-Raphson 技术,将方程式线性化解所有的变量,由于此法是以方程式的线性变化为基础的,而这种线性化在趋近于解的时候变得更接近实际。因此,随着未知量的值趋近于正确解时,收敛得到加速。这种方法选择汽液两相组分流率 v_{ij}、l_{ij} 及级温作为迭代变量,计算效果取决于 K 因子和焓与温度和组成的表达式,因此适合于高的非理想性系统。但 Jacobian 矩阵中大量的偏导数用数值计算,使计算过程耗费时间过多。

J. S. Wu 和 P. R. Bishnoi 结合两者的优点提出一种算法,此法选择级温与液相组分流率作为内循环的迭代变量,在这个循环回路中对迭代变量解物料衡算及归一方程,而在外循环解能量及总物料衡算方程,产生总蒸气和液体流率的修正值。这种算法稳定而有效,本开发实验的塔模拟计算即使用此法。现将该法简要叙述如下。

(1) 模型方程

为使算法通用起见,该算法采用图 9-3 所示的模型塔。描述此精馏过程的方程包括组分的物料衡算方程,相平衡方程,摩尔分率加和方程及能量衡算方程。

组分物料衡算方程

$$v_{ij} + w_{ij} + l_{ij} + u_{ij} - V_{ij+1} - l_{ij-1} - f_{ij} = M_{ij} \quad (i = 1, C; j = 1, N) \tag{9-7}$$

相平衡关系

$$v_{ij} = \frac{K_{ij} V_j}{L_j} l_{ij} \quad (i = 1, C; j = 1, N) \tag{9-8}$$

摩尔分率求和方程

$$\sum_{i=1}^{c} \left(\frac{l_{ij}}{L_j} - \frac{v_{ij}}{V_j} \right) = S_j \quad (j = 1, N) \tag{9-9}$$

能量衡算方程

$$L_{j-1} h_{j-1} + V_{j+1} H_{j+1} + F_j H_{Fj} + Q_j - (L_j + U_j) h_j - (V_j + W_j) H_j = 0 \quad (j = 1, N) \tag{9-10}$$

式中　l_{ij}、L_j ——分别为离开 j 板的液相中组分 i 的流率和液相总流率；

　　　v_{ij}、V_j ——分别为离开 j 板的汽相中组分 i 的流率和汽相总流率；

　　　U_j、W_j ——分别为从 j 板抽出的液相和汽相侧线量；

　　　u_{ij}、w_{ij} ——分别为从 j 板抽出的液相和汽相组分 i 的侧线量；

　　　F_j、f_{ij} ——分别为加到 j 板的进料总量和组分 i 的流率；

　　　h_j、H_j ——分别为离开 j 板的液相和汽相焓；

　　　H_{F_j} ——料液 F_j 的焓；

　　　Q_j ——加到 j 板的热量。

将式(9-8)与式(9-7)结合消去 v_{ij} 并整理，得

$$M_{ij} = \left[\frac{K_{ij}(V_j + W_j) + U_j}{L_j} + 1 \right] l_{ij} \tag{9-11}$$

将式(9-8)代入式(9-9)，消去 v_{ij}，并整理，得

$$S_j = \frac{1}{L_j} \sum_{i=1}^{c} \left[(1 - K_{ij}) l_{ij} \right] \tag{9-12}$$

当我们得到满足偏差函数 M_{ij} 和 S_j 都小于或等于某一给定的小数 ε 时，也就得到了解，式(9-10)～式(9-12)是本方法解的基本方程。

（2）求解方法

将基本方程分为两个循环，式(9-10)在外循环解，迭代变量为 $V_j(L_j)$；式(9-11)、(9-12)使用 Newton-Raphson 方法在内循环解，内循环的迭代变量是 l_{ij} 和 T_j，变量按级分组：

$$\overline{X} = (\overline{X}_1^T\ \overline{X}_2^T \cdots \overline{X}_j^T \cdots \overline{X}_N^T)^T$$

$$\overline{\Psi} = (\overline{\Psi}_1^T\ \overline{\Psi}_2^T \cdots \overline{\Psi}_j^T \cdots \overline{\Psi}_N^T)^T$$

式中，$\overline{X}_j$ 是 j 板的变量向量；$\overline{\Psi}_j$ 是同一板的偏差函数向量，于是：

$$\overline{X}_j = (x_{1j} x_{2j} \cdots x_{ij} \cdots x_{cj} x_{c+1,j})^T$$

$$= (l_{1j} l_{2j} \cdots l_{ij} \cdots l_{cj} T_j)^T$$

$$\overline{\Psi}_j = (\Psi_{1j} \Psi_{2j} \cdots \Psi_{ij} \cdots \Psi_{cj} \Psi_{c+1,j})^T$$

$$= (M_{1j} M_{2j} \cdots M_{ij} \cdots M_{cj} S_j)^T$$

按 Newton-Raphson 方法

$$\left(\overline{\frac{\mathrm{d}\psi}{\mathrm{d}X}} \right) \cdot \triangle \overline{X}^{K+1} = -\overline{\Psi}^K \tag{9-13}$$

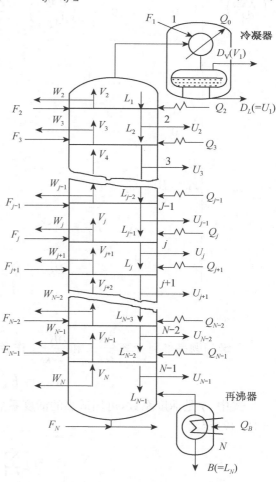

图 9-3　平衡级模型

因而

$$\overline{X}^{K+1} = \overline{X}^K + \Delta \overline{X}^{K+1} \tag{9-14}$$

式中,上标 K 是迭代次数,$\left(\dfrac{\overline{\mathrm{d}\psi}}{\mathrm{d}\overline{X}}\right)$ 是 Jacobian 矩阵。

Jacobian 矩阵是由所有偏差函数对 $\overline{X}^K$ 当前值的偏导数,因为式(9-11)、式(9-12)仅包括变量 $\overline{X}_{j-1}$、$\overline{X}_j$、$\overline{X}_{j+1}$,所以是三对角块矩阵,即

$$\left(\overline{\dfrac{\mathrm{d}\overline{\Psi}}{\mathrm{d}x}}\right) = \begin{bmatrix} \left(\overline{\dfrac{\mathrm{d}\overline{\Psi}_1}{\mathrm{d}x_1}}\right) & \left(\overline{\dfrac{\mathrm{d}\overline{\Psi}_1}{\mathrm{d}x_2}}\right) & 0 & \cdots & \cdots & \cdots & 0 \\[2mm] \left(\overline{\dfrac{\mathrm{d}\overline{\Psi}_2}{\mathrm{d}x_1}}\right) & \left(\overline{\dfrac{\mathrm{d}\overline{\Psi}_2}{\mathrm{d}x_2}}\right) & \left(\overline{\dfrac{\mathrm{d}\overline{\Psi}_2}{\mathrm{d}x_3}}\right) & 0 & \cdots & \cdots & 0 \\[2mm] \cdots & \cdots & \cdots & \cdots & \cdots & \cdots & \cdots \\[2mm] 0 & 0 & \left(\overline{\dfrac{\mathrm{d}\overline{\Psi}_j}{\mathrm{d}x_{j-1}}}\right) & \left(\overline{\dfrac{\mathrm{d}\overline{\Psi}_j}{\mathrm{d}x_j}}\right) & \left(\overline{\dfrac{\mathrm{d}\overline{\Psi}_j}{\mathrm{d}x_{j+1}}}\right) & 0 & 0 \\[2mm] \cdots & \cdots & \cdots & \cdots & \cdots & \cdots & \cdots \\[2mm] 0 & \cdots & \cdots & 0 & \left(\overline{\dfrac{\mathrm{d}\overline{\Psi}_{N-1}}{\mathrm{d}x_{N-2}}}\right) & \left(\overline{\dfrac{\mathrm{d}\overline{\Psi}_{N-1}}{\mathrm{d}x_{N-2}}}\right) & \left(\overline{\dfrac{\mathrm{d}\overline{\Psi}_{N-1}}{\mathrm{d}x_N}}\right) \\[2mm] 0 & \cdots & \cdots & \cdots & 0 & \left(\overline{\dfrac{\mathrm{d}\overline{\Psi}_N}{\mathrm{d}x_{N-1}}}\right) & \left(\overline{\dfrac{\mathrm{d}\overline{\Psi}_N}{\mathrm{d}x_N}}\right) \end{bmatrix}$$

$$= \begin{bmatrix} B_1 & C_1 & & & & \\ A_2 & B_2 & C_2 & & & \\ & A_j & B_j & C_j & & \\ & & A_{N-1} & B_{N-1} & C_{N-1} \\ & & & A_N & B_N \end{bmatrix} \tag{9-15}$$

关键问题是如何计算 $\dfrac{\partial K_{ij}}{\partial T_j}$ 和 $\dfrac{\partial K_{ij}}{\partial l_{Kj}}$,作者提出用下面的方程计算这些偏导数:

$$K_{ij} = K_{bj} \cdot \gamma_{ij} \cdot \alpha_{ij} \tag{9-16}$$

式中,γ 是活度系数,可用适当的活度系数关联式方程计算,如 UNIQUAC 模型,K_{bj} 由式(9-17)定义

$$K_{bj} = \exp\left[\sum_{i=1}^{c} (y_{ij} \cdot \ln K_{ij})\right] \tag{9-17}$$

Boston 和 Britt 认为上面的 K_{bj} 主要是温度的函数,近似的关系如下:

$$\ln K_{bj} = \beta_{1j} - \frac{\beta_{2j}}{T_j} \qquad (9-18)$$

系数 β_{1j} 与 β_{2j} 在内循环保持不变,而在外循环中做修正,α_{ij} 可认为是组分的表观挥发性,由式(9-16)得:

$$\alpha_{ij} = \frac{K_{ij}}{K_{bj}\gamma_{ij}} \qquad (9-19)$$

α_{ij} 是 T_j 和 l_{ij} 的弱函数,因此可假定在内循环保持不变而在外循环中做修正。

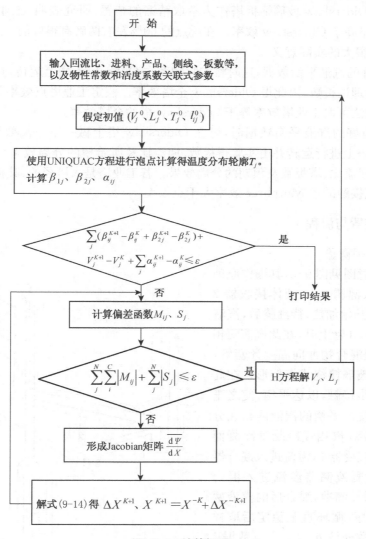

图 9-4 计算框图

按式(9-16)所表示的 K_{ij} 将温度、组成和挥发性的影响这三个因素分离,成为三个分开的函数,便于 K_{ij} 求导,即

$$\frac{\partial K_{ij}}{\partial T_j} \approx K_{ij}\frac{\beta_{2j}}{T_j^2} \qquad (9-20)$$

$$\frac{\partial K_{ij}}{\partial l_{Kj}} = K_{bj} \cdot \alpha_{ij} \frac{\partial \gamma_{ij}}{\partial l_{Kj}} \qquad (9\text{-}21)$$

计算框图如图 9-4 所示。

计算为操作型,给定塔顶产品流率 D_V 和 D_L,侧线流率 W_j 和 U_j,每块板加热或冷却的热负荷,回流比 R,加料流率 F_j、加料组成 Z_{ij}、塔板数、进料板位置。萃取精馏塔有两个进料口,一个是原料液入口,另一个是萃取剂入口。计算结果得塔顶及塔釜组成,各板组成 X_{ij}、各板温度 T_j、各板流量 V_j、L_j。

本实验用 Oldershaw 玻璃筛板塔作为萃取精馏的装置,研究表明,工业规模塔的点效率总是等于或略高于 Oldershaw 效率。在泛点的 60% 左右两者有很好的一致性,因此 Oldershaw 效率有很大的实际意义。

(1) 若有好的汽液平衡数据,这时将实际物系在 Oldershaw 塔上运转,测定塔顶塔釜组成,计算需要的理论板数,由此得 Oldershaw 全塔效率。假定工业塔点效率等于 Oldershaw 效率,保守的做法可取工业塔效率等于 Oldershaw 塔的全塔效率。

(2) 当没有好的汽液平衡数据时,可在 Oldershaw 塔上做一下分离效果的实验验证。在 Oldershaw 塔上进行运转并由实验得板数、回流比及所希望的分离效果。这些值可直接用作工业塔的回流比、塔板数及预期的分离效果。若工业塔是大塔径的,其板数可稍微减少一点,因为错流接触的塔 Murphree 效率大于点效率。

3. 实验装置与流程

1) 陆子禹平衡釜

平衡釜示意图见图 9-5,其操作原理是:将料液注入沸腾瓶 1,液体接收器 2 和凝液储器 7,开始加热,待沸腾后,汽液混合物沿 Cottrell 管上升,在此汽液两相充分接触,汽液混合物冲向温度计套管,套管外用实心玻璃棒绕成螺旋形。在此汽液两相进一步接触,以达平衡,使之正确测定平衡温度。平衡的汽液两相在分离室 3 进行分离,汽相经冷凝管冷凝而液相进入液体接受器 2,溢流进入混合器 8,汽相凝液由凝液储器溢流进入混合器,混合器可以计滴数,混合后的汽液两相再进入沸腾瓶,循环直至稳定后取样分析。测定的数据是 p、T、x、y 数据。

2) 恒压装置(恒压 0.101 3 MPa)

为测定 0.101 3 MPa 下的汽液平衡数据,平衡釜与恒压装置相接,恒压装置示意图见图 9-6,其原理是:一储气瓶中,连接水喷射器或双连球,若气压低于

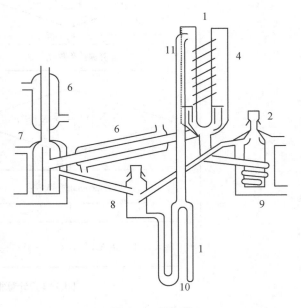

图 9-5 平衡釜

1—沸腾瓶;2—液体接收器;3—汽液分离器;
4—抽成真空的夹套;5—温度计;6—冷凝器;
7—凝液接收器;8—混合器;9—冷却夹套;
10—加热器;11—Cottrell 管

0.101 3 MPa，则储气瓶需用双连
球加压，若气压高于 0.101 3 MPa，
则储气瓶需用水喷射器减压，此储
气瓶与缓冲瓶中间装有一个电磁
阀，缓冲瓶与系统及 U 形压力计相
连，U 形压力计内装水。

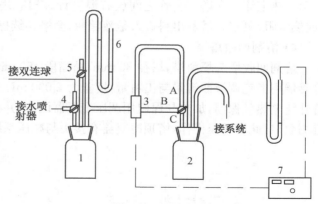

图 9-6　恒压装置(恒压 760 mmHg)

1—储气瓶；2—缓冲瓶；3—电磁阀；4—三通考克；
5—二通考克；6—U 形压力计；7—继电器

若气压高于 0.101 3 MPa，系统
要减压，先将储气瓶减压，将导线插
入 U 形压力计使之与水接触。转动
缓冲瓶上的三通考克，使 A 与 C 相
通，与 B 不通，这时继电器无电流通
向电磁阀，电磁阀内铁心没有启动处
于关闭状态(即电磁阀的进口与出口
不通，但进口与排气口相通)。则系统减压，调节导线至需要的位置，当 U 形管中导线与水溶
液脱离时，则继电器有电流通向电磁阀，启动了电磁阀的铁心，关闭了进口与排气口，使储气瓶
与缓冲瓶间无联系，停止了减压，由于系统可能漏气。U 形管的液面又可能上升，当它和导
线接触时，继电器又无电流通过电磁阀，电磁阀铁心又下降，进口与排气口又相通，则系统又
开始减压。

若气压低于 0.101 3 MPa，则系统要加压，这时先将储气瓶用双连球加压，并把导线拉
出水面，把三通考克放至 BC 相通而 A 不通，继电器有电通向电磁阀，使电磁阀内铁心向上
吸，进口与出口相通，缓冲瓶内压力上升，使 U 形管内水面上升，当水面上升到与导线相接
触时，继电器又无电流通向电磁阀，使电磁阀铁心下落，关闭了电磁阀的进口与出口，所以系
统压力不再增加。

3) 萃取精馏塔

本实验所用萃取精馏塔是 Oldershaw 玻璃筛板塔，其主要部件 Oldershaw 塔节见图 9-7
(a)，进料段(兼取样段)见图 9-7(b)。

萃取精馏流程图见图 9-8。塔
顶全凝器的凝液用时间继电器对一
摆体的定时控制来控制回流比。
Oldershaw 塔的塔径为 30 mm，有效
截面积 690 mm²。溶剂回收段的板
数为 5 块，精馏段 28 块，提馏段为
12 块，板上开孔数 65 个，孔径 1 mm，
开孔率 7.2%。萃取剂与原料液分
别进入进料段。进料可用微量泵计
量，出料可用数滴数的方法计量。塔
釜为 2 000 mL 三口烧瓶，加热用电
热碗，加热量用变压器调节，经安培

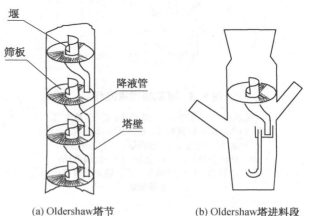

(a) Oldershaw 塔节　　　(b) Oldershaw 塔进料段

图 9-7　Oldershaw 萃取精馏塔主要部件

表指示加热电流。全塔用玻璃套管外绕电热丝进行保温，保温热量用变压器调节，用安培表

指示加热电流。在塔与套管之间放有温度计,塔顶、塔釜,进料板都有测温口,可用温度计(或热电阻)测定。塔釜出料进入釜液储瓶,全塔连续操作。

4) 溶剂回收塔

溶剂回收塔为填料塔,塔径 30 mm,精馏段 450 mm,提馏段 750 mm,内装小瓷圈,塔顶冷凝器用考克调节回流量与出料量,塔釜为 2 000 mL 三口烧瓶,用电热碗加热,塔用玻璃套管外绕电热丝保温,加热与保温用调压变压器调节,并有安培表显示加热电流,塔顶、塔釜都有测温口,此塔减压操作,塔顶冷凝器有接头与减压系统相联。如图 9-9 所示。

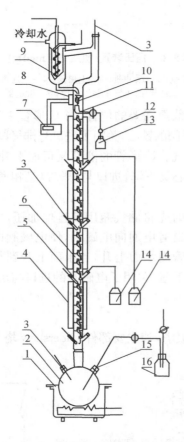

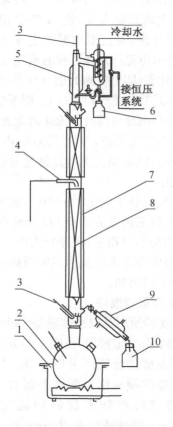

图 9-8　萃取精馏塔流程

1—电热碗;2—塔釜;3—温度计;4—保温夹套;
5—Oldershaw 塔进料段;6—Oldershaw 塔节;
7—时间继电器;8—电磁铁;9—全凝器;
10—回流摆体;11—计量杯;12—数滴数球;
13—产品槽;14—蠕动泵;15—塔釜出料口;
16—釜液储瓶

图 9-9　溶剂回收塔流程

1—电热碗;2—塔釜;3—温度计;
4—进料口;5—冷凝器;6—馏出液瓶;
7—保温夹套;8—填料塔;
9—气体取样口;10—取样瓶

5) 恒压装置(减压)

溶剂回收塔为减压操作,需配有在减压下的恒压装置,见图 9-10。此减压恒压装置原理与常压装置相同,所不同的是用一个硫酸恒压仪代替 U 形管中的触点,U 形管中所

装为水银,此恒压装置主要由硫酸恒压仪、电磁阀、继电器所组成。操作时,先开启考克
B,开动真空泵,转动三通考克 A 使电磁阀的进口与排气口相通,此时缓冲瓶 3 内减压,由
U 形压力计 8 可读出其真空度,当达到所需真空度时,关闭考克 B,并转动考克 A 使电磁
阀的进口与出口相通,当系统有漏气现象时,触点与硫酸液面脱离,继电器启动电磁阀的
铁心,使电磁阀的进口与出口相连,缓冲瓶内压力降低,使触点与硫酸接触而关闭电磁阀的
进口与出口,这样就可使系统恒压在某一真空度。流程图如图 9-10 所示,此塔可以连续也
可以间歇操作。

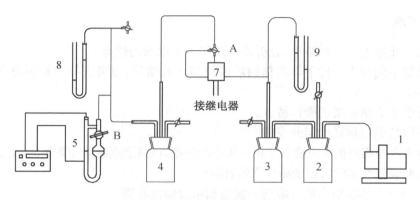

图 9-10　恒压装置(减压)

1—真空泵;2,4—缓冲瓶;3—储气瓶;5—硫酸恒压仪;
6—继电器;7—电磁阀;8,9—U 形压力计

4. 实验步骤及方法

(1) 实验测定乙醇-乙二醇系统的常压汽液平衡数据配制一定组成的乙醇-乙二醇混合
液,装入陆子禹平衡釜,在恒压 0.101 3 MPa 下测定 p、T、x、y 数据,由色谱分析确定 x、y
的组成,计算求出 UNIQUAC 参数。

(2) 由多元 UNIQUAC 方程,通过泡点计算。得出不同乙二醇含量(质量分数)的 x 乙
醇与 y 乙醇的关系,得出乙二醇作为萃取剂的选择性。

(3) 输入物性数据及 UNIQUAC 参数,选择溶剂比及回流比,给定理论板数,进行萃取
精馏塔的模拟计算,通过对不同溶剂比、回流比的计算结果,选择一个操作条件作为实验的
操作条件。

(4) 按所选的操作条件在现有的装置上进行萃取精馏实验,在操作过程中需仔细操作,
使进出料量稳定并需根据物料衡算决定出料量。待操作稳定后取样分析,得到在一定操作
条件下的分离效果。分析用色谱方法。

(5) 为使萃取剂循环使用,萃取精馏塔釜液进入溶剂回收塔进行溶剂再生。此塔为减
压操作,可以连续,也可以间歇。

(6) 上机计算对理论板数进行试差,使得到与实验结果相符合的分离效果。求出
Oldershaw 萃取精馏塔的效率。

5. 实验数据处理

（1）将乙醇-乙二醇相平衡数据测定结果列表，求出 UNIQUAC 参数。

（2）将不同操作条件下萃取精馏塔的模拟计算结果列表或作图。

（3）将萃取精馏塔的实验结果，包括操作条件列成表。

（4）根据现有的实验条件及达到的分离程度，模拟计算出萃取精馏塔的理论板数，计算出 Oldershaw 效率的数值。

6. 思考题

（1）由三元泡点计算的结果，分析乙二醇作为萃取剂的优点。

（2）根据不同操作条件下萃取精馏塔的模拟计算结果，思考选择怎样的操作条件能达到收率最高。

（3）考虑萃取精馏塔的操作特点。

（4）萃取精馏过程是如何开发的？

（5）对沸点差相差很大或沸点差相差较小的物系，在测定汽液平衡数据时，应分别采用何种形式的实验装置？实验需记录哪些原始数据？

（6）请画一个萃取精馏塔与溶剂回流塔相结合的流程图。

（7）请拟定一个萃取精馏塔的操作方案，并设计一个记录数据的表格。

（8）相平衡与塔的模拟计算有什么关系？相平衡数据是怎么处理的？

9.3 碳酸二甲酯生产工艺过程开发实验（实验二十六）

1. 实验目的

本实验以甲醇和碳酸丙烯酯为原料，研究酯交换法合成碳酸二甲酯的工艺过程，拟达到如下目的。

（1）初步了解和掌握化工产品开发的研究思路和实验研究方法。

（2）学会收集和筛选有关的信息和基础数据，灵活应用已掌握的实验技术和设备，完成产品的反应、分离与精制。

（3）学会独立进行工艺实验全流程的设计、组织与实施，获取必要的工艺参数。

2. 实验原理

碳酸二甲酯（Dimehtyl Carbonate，简称 DMC）是近年来颇受化工界重视的一种有机化工产品。作为一种新型的高效低毒的甲基化和羰基化剂，它可以替代剧毒的硫酸二甲酯（DMS）和光气（Cl_2CO），广泛用于各类羰基化、甲基化、甲氧基化反应，制取各种高性能树脂、医药、农药、香料、染料中间体、表面活性剂和润滑油等系列化工产品，成为 21 世纪化工产品有机合成的"新基块"，是一种很有发展前途的"绿色化工产品"。

碳酸二甲酯(DMC)的分子式为$(CH_3O)_2CO$,常温下是一种无色透明的可燃性液体。沸点 90.1℃,熔点 4℃,闪点 18℃,相对密度 1.071 8。不溶于水,与乙醇、乙醚混溶,略带香味,毒性轻微,对人体皮肤、眼睛和黏膜有刺激。

碳酸二甲酯的生产方法主要有光气甲醇法、醇钠法、酯交换法、甲醇氧化羰基化法四种方法。其中,酯交换法利用大宗石油化工产品环氧乙烷或环氧丙烷为原料来源,反应快速简单,生产过程无毒无污染,还可副产用途广泛的乙二醇或丙二醇,是一种比较有发展前途的方法。

酯交换法的生产原理是在碱性催化剂(如甲醇钠、甲醇钾、有机胺等)的作用下,用碳酸乙烯酯(EC)或碳酸丙烯酯(PC)与甲醇进行酯交换反应,生成碳酸二甲酯和乙二醇或丙二醇产品。

以 PC 为原料时,反应式为

$$CH_3CH_2OCOCH_2 + 2CH_3OH \longrightarrow (CH_3O)_2CO + CH_3CH_2OHCH_2OH \qquad (9-22)$$

该反应为可逆放热反应,从热力学角度分析,降低反应温度、提高原料浓度、及时移走反应产物对提高平衡转化率有利。从动力学角度分析,提高温度、选择高效的催化剂对反应速率有利。而系统的物性和汽液平衡数据则表明,虽然各物质的沸点相差颇大,甲醇 64.5℃,DMC 90.1℃,1,2-丙二醇 170℃,但产品 DMC 与甲醇在 63.5℃ 有最低共沸物形成,共沸组成为:DMC 13.9%(摩尔分数),甲醇 86.1%(摩尔分数)。根据上述分析,可以整理出如下研究思路。

(1) 由于温度受平衡转化率的限制,不宜过高,因此,提高反应速率的唯一途径就是选择高效的催化剂。

(2) 采取甲醇过量的原料配比对过程有利,一方面可以有效地提高 PC 原料的平衡转化率,另一方面有助于产品 DMC 以共沸物的形式与副产物分离。从反应方程和共沸组成分析,过量物质的量之比至少应在 $CH_3OH / PC = 8:1$ 以上。

(3) 选择合理的反应器形式和操作方式至关重要,理想的反应器应该能够实现反应分离一体化。

(4) 产品 DMC 分离精制的技术关键是解决共沸物的分离问题。

根据上述思路,查阅和收集有关文献,得到如下信息。

(1) 可供选择的催化剂主要有甲醇钠、NaOH、KOH、Na_2CO_3、三乙胺。

(2) 反应精馏是一种理想的反应方法。

(3) 分离 CH_3OH-DMC 共沸物有 4 种方法可供选择。

① 低温结晶法

低温结晶法是利用碳酸二甲酯与甲醇在熔点上的差异,通过低温结晶来破坏共沸组成,实现两者的分离。其方法是,首先将共沸物在 $-35 \sim -30℃$ 下冷冻结晶,经固液分离得到富含 DMC 的固相[DMC 62%(质量分数),CH_3OH 38%(质量分数)],以及富含甲醇的母液。将固相熔化后精馏,于塔釜得到 DMC,收率为 95%~96%。母液精馏后,于塔釜得到甲醇。两塔塔顶得到的共沸物返回结晶釜。

② 加压精馏法

CH_3OH-DMC 共沸属于拉乌尔正偏差系统,可利用加压精馏的方法使之分离。由表

9-1可见,随着操作压力的提高,共沸点温度提高,共沸组成向着DMC含量减少的方向移动。显然,若将精馏塔的压力控制在1.5 MPa以上,则塔顶将获得甲醇浓度大于93%馏分,釜液可获得纯产品DMC。

表9-1 压力与共沸组成的关系

压力 /MPa	共沸组成/%(质量分数)		共沸温度 /℃
	MeOH	DMC	
0.1	70.0	30	63.5
0.2	73.4	26.6	82
0.4	79.3	20.7	104
0.6	82.5	17.5	118
0.8	85.2	14.8	129
1.0	87.6	12.4	138
1.5	93.0	7.0	155

③ 共沸精馏法

该法是 CH_3OH-DMC 共沸物中添加 $C_5 \sim C_8$ 的烷烃、环烷烃或芳烃类物质(称为夹带剂),使之与甲醇形成比原共沸物的共沸温度更低的新共沸物,利用共沸温度的差异,使甲醇共沸蒸出,从而在塔釜获得 DMC 产品。针对被分离对象的特点,新的共沸物其沸点应小于 63℃,以 40 ~ 55℃ 为宜。可供选择的夹带剂列于表 9-2,这些夹带剂与甲醇所形成的共沸物在常温或低温下,通常会分为部分互溶的两相。其中,富含夹带剂的一相作为共沸精馏塔的回流,富含甲醇的一相,进一步精馏以回收甲醇。

表9-2 夹带剂与共沸组成

项目 夹带剂	共沸温度 /℃	共沸物组成/%(质量分数)		
		夹带剂	CH_3OH	DMC
正己烷	50.6	67	33	0
正庚烷	59.1	43	45	7
环戊烷	30.8	81	19	0
环己烷	53.0	62	37	1

④ 萃取精馏法

该法的分离原理是在 CH_3OH-DMC 共沸物中添加一种能选择性地与甲醇或者 DMC 形成非理想溶液的物质(称为萃取剂),使两者的相对挥发度增大,实现分离。换言之,就是利用萃取剂与甲醇和 DMC 之间作用力的差异,改变两者的挥发能力,破坏共沸物形成的条件,使分离成为可能。

选择萃取剂的主要依据是萃取剂的物性和系统的汽液平衡数据。萃取剂必须是系统中沸点最高的组分,物理化学性质稳定,能有效地增大原组分的相对挥发度。图 9-11 展示了几种不同的萃取剂加入后,系统中甲醇的汽液平衡数据。

上述 4 种方法都能获得高纯度的 DMC 产品,且总收率均可达到 85% 以上,但是,由于实现分离的原理不同,手段不同,从技术和经济角度分析,它们各有利弊。因此,必须从技术、设备、流程、能耗、安全与环保等诸方面综合考虑,选择最经济合理的分离方法。

综上所述,以 PC 和甲醇为原料,开发酯交换法生产碳酸二甲酯的生产工艺,研究工作的框图可用图 9-12 来表示。

框图中,反应过程的研究包括:催化剂的制备和筛选、反应动力学的测定、反应器的选型与设计、工艺操作条件的优选。共沸物的分离涉及:分离方法的选择、有关热力学及传质数据的测定、分离过程及设备的设计、操作条件的优选。本实验将针对其中的部分主要内容开展研究。

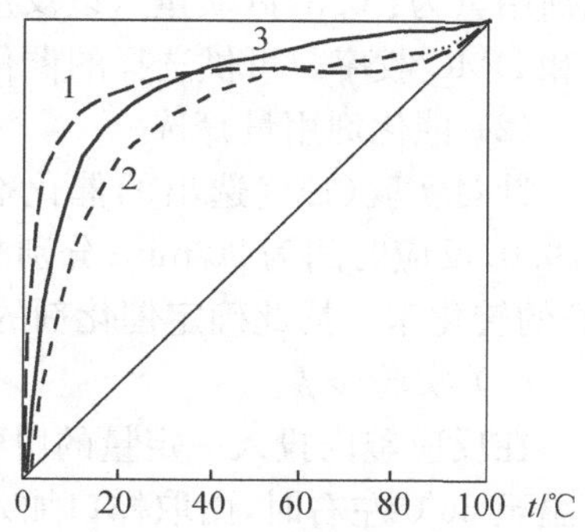

图 9-11　萃取剂存在时甲醇的相平衡数据

1—醋酸丁酯;2—氯苯;
3—醋酸异戊酯

3. 实验装置及分析方法

(1) 实验装置

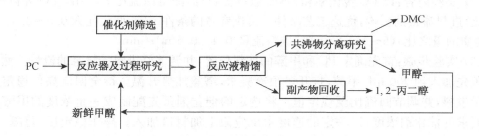

图 9-12　酯交换法碳酸二甲酯生产过程研究框图

① 1 000 mL 四口烧瓶,电热锅,冷凝管,搅拌器及配套部件一套。

② ϕ25 mm×2 000 mm 组装式填料精馏塔 2 台,填料有 4 mm×3.5 mm 金属压延环、4×6 玻璃弹簧填料可供选择。精馏塔高度及进料位置可调节,回流比、加热量由仪表控制,操作可间歇或连续。

③ ϕ25 mm×1 200 mm 组装式板式精馏塔一套,塔体可与填料塔混合组装。

④ 102 气相色谱分析仪及 CDMC-1 型色谱数据微处理机一套。

(2) 分析方法

① 仪器:国产 102 气相色谱仪,色谱柱为内径 4 mm、长 2 m 的不锈钢管,柱内填充 60～80 目的 402 有机担体,在 180～220℃下活化 1 d。

② 色谱条件:柱温:150℃;气化室温度:170℃;热导检测器温度:170℃。载气为 H_2,流速为 30～45 mL/min。

4. 实验步骤及方法

1) 催化剂筛选实验:自行搭建一套间歇反应装置

(1) 催化剂种类筛选

反应条件:甲醇与 PC 的投料物质的量之比为:$CH_3OH/PC = 9.0$;反应时间为 1 h;催

化剂用量为：0.3%（质量）（以反应物总量计）。测定和比较采用不同催化剂时，PC 的转化率和 DMC 收率。可供选择的催化剂为：甲醇钠、KOH、三乙胺、K_2CO_3。

（2）催化剂用量筛选

针对实验（1）优选出的催化剂，控制甲醇与 PC 的投料物质的量之比为：CH_3OH /PC = 9.0；反应时间为 30 min；分别测定催化剂用量为 0.1%，0.2%，0.3%，0.5%（质量）时，PC 的转化率。据此确定催化剂的最佳用量。

（3）实验步骤

在反应釜内投入一定量的甲醇和 PC，冷凝管通冷却水，启动搅拌器，开启电加热器，待升温至 60℃左右时，由取样口加入催化剂，继续升温至沸腾。然后，每隔一定时间，取样分析一次组成，据此计算以 PC 计的转化率和 DMC 产品收率。

2）反应精馏实验

（1）搭建连续操作的反应精馏实验装置，塔体尺寸为 ϕ25 mm×1 400 mm，其中反应段 1 m，精馏段和提馏段各为 0.2 m。反应段可选用填料塔或板式塔，填料为 4 mm×3.5 mm 金属压延环。

（2）实验内容：以 PC 转化率和 DMC 收率为目标，测定回流比 R，甲醇/PC 进料物质的量之比，进料流量的影响，优选工艺条件。可供参考的条件范围：回流比 R 0.5～3.5；甲醇/PC（物质的量之比）（5～10）∶1；PC 进料流量 0.4～0.6 mL/min。

（3）实验步骤：首先确定 PC 和甲醇的加料位置，并调节好进料计量泵的流量。然后，在塔釜预先加入约 300 mL 甲醇，打开塔顶冷凝水，塔釜加热升温。待全回流操作稳定后，按规定量进料，并调节回流比至规定值。将选定的催化剂预先配制成一定浓度的甲醇溶液。根据要求的催化剂浓度，以一定的速度由反应段上加料口加入。操作稳定后，每隔一定时间，取样分析一次塔顶和塔釜组成，收集塔顶馏分作为分离实验的原料。

3）共沸物分离实验

以正己烷为夹带剂，采用共沸精馏的方法分离来自反应精馏塔顶的 CH_3OH-DMC 共沸物。以获得 DMC 产品。

（1）采用如图 9-13 所示的塔头，搭建一套间歇操作的填料精馏塔，塔体尺寸为 ϕ20 mm×1 200 mm，塔釜为 1 000 mL 三口烧瓶。实验内容：考查夹带剂加入量，回流方式对 DMC 产品纯度和收率的影响。

（2）操作步骤

将反应精馏塔顶馏出液 300 g 和一定量的正己烷加入釜内，然后打开塔顶冷凝水，塔釜加热升温，将阀 2，3 置于开启状态，再把回流阀 1 置于"⊥"状态，全回流直至塔顶温度稳定。然后，关闭回流阀 1，让馏出液在静置器内分相，富烷烃相经阀 2 回流，富醇相间歇采出以保证回流所需的液位。

操作稳定后，跟踪记录塔顶、塔釜温度，定时分析塔顶、塔釜组成，当釜液中 DMC 浓度达到 99%，停止实验，收集塔釜产品，称重，计算收率。

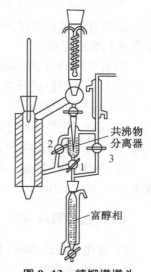

共沸物分离器

富醇相

图 9-13　精馏塔塔头

1，2，3—阀

5. 实验数据处理

(1) 列出催化剂筛选实验结果表,并进行讨论。想一想利用这些实验数据是否可进行动力学方程的关联。

(2) 反应精馏实验中,PC 和甲醇加料的相对位置是根据什么原则确定的? 催化剂为什么必须从反应段上加料口进入? 精馏段和提馏段的作用分别是什么?

(3) 列出反应精馏的实验结果,讨论回流比、原料配比、进料流量对转化率和收率的影响,确定适宜的工艺条件。

(4) 共沸精馏实验中,夹带剂的理论加入量应如何确定? 按本实验的操作方式,夹带剂的加入量应高于还是低于理论用量? 为什么?

(5) 列出共沸精馏的实验结果,据此确定间歇操作,分相回流的操作条件下,最佳的投料比(原料/夹带剂),并根据分析结果,计算共沸物分相后的两相组成。

6. 思考题

(1) 若采用共沸精馏法分离 CH_3OH-DMC 共沸物,对所选的共沸剂应有哪些基本要求? 理想的共沸剂应具有哪些特征?

(2) 查阅 1,2-丙二醇的性质,结合反应副产物的实际状况,可采用什么方法回收 1,2-丙二醇? 回收前要进行哪些预处理? 操作条件上有什么要求?

(3) 查阅有关文献,从原料路线、技术方法、生产成本、能耗、环境保护等方面对光气甲醇法、醇钠法、酯交换法、甲醇氧化羰基化法 4 种合成 DMC 的技术路线进行比较与评价。

(4) 酯交换制备 DMC 的反应为什么可用反应精馏的方法来实现?

(5) 查阅有关文献,分析和比较上述 4 种分离 CH_3OH-DMC 共沸物的方法,各有什么优点和不足? 如果不受实验条件的限制,你认为哪种方法应优先考虑,为什么?

第 10 章　化工仿真实验

计算机通信技术的迅速发展,同样改变着现代化的化工生产过程。近年来,现代化化工厂逐渐实现了自动化和半自动化的生产控制,大量的现场工作技术人员从繁复的操作中解脱出来,然而对现代化的技术人员也提出了更高的要求。目前,大型化工厂基本实现 DCS 系统中央集中控制,这样除了让技术人员掌握基本的化工基本操作知识外,还需要熟悉计算机 DCS 系统控制的相关知识。本章将通过 7 个单元仿真教学,让同学们了解实际工厂的生产过程,以便毕业后走向工作岗位,能够迅速适应工作需要,成为现代化工程技术人员。

10.1　罐区系统操作仿真(实验二十七)

1. 操作目的

保证从生产区来的产品被送到储罐区,经过换热器冷却处理后,包装成品。整个过程需维持设备内的压力和温度,并保证设备的正常与安全稳定运行。

2. 工艺流程简介

图 10-1 中,来自生产设备的约 35℃的带压液体,经过阀门 MV101 进入日罐 T01,由温度传感器 TI101 显示 T01 罐底温度,压力传感器 PI101 显示 T01 罐内压力,液位传感器 LI101 显示 T01 的液位。由离心泵 P01 将日罐 T01 的产品打出,控制阀 FIC101 控制回流量。回流的物流通过换热器 E01,被冷却水逐渐冷却到 33℃左右。温度传感器 TI102 显示被冷却后产品的温度,温度传感器 TI103 显示冷却水冷却后温度。由泵打出的少部分产品由阀门 MV102 打回生产系统。当日罐 T01 液位达到 80%后,阀门 MV101 和阀门 MV102 自动关断。

日罐 T01 打出的产品经过 T01 的出口阀 MV103 和 T03 的进口阀进入产品罐 T03,由温度传感器 TI301 显示 T03 罐底温度,压力传感器 PI301 显示 T03 罐内压力,液位传感器 LI301 显示 T03 的液位。由离心泵 P03 将产品罐 T03 的产品打出,控制阀 FIC301 控制回流量。回流的物流通过换热器 E03,被冷却水逐渐冷却到 30℃左右。温度传感器 TI302 显示被冷却后产品的温度,温度传感器 TI303 显示冷却水冷却后温度。少部分回流物料不经换热器 E03 直接打回产品罐 T03;从包装设备来的产品经过阀门 MV302 打回产品罐 T03,控制阀 FIC302 控制这两股物流混合后的流量。产品经过 T03 的出口阀 MV303 到包装设备进行包装。

当日罐 T01 的设备发生故障,马上启用备用日罐 T02 及其备用设备,其工艺流程同 T01。当产品罐 T03 的设备发生故障,马上启用备用产品罐 T04 及其备用设备,其工艺流程同 T03。

罐区工艺流程图如下:罐区 PID 工艺流程图如图 10-1 所示,罐区 DCS 流程图如图 10-2 所示,罐区现场图一如图 10-3 所示,罐区现场图二如图 10-4 所示,罐区现场图三如图 10-5 所示,罐区现场图四如图 10-6 所示,罐区连锁系统图如图 10-7 所示。

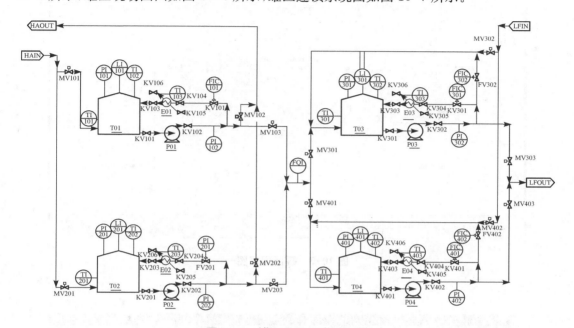

图 10-1 罐区 PID 工艺流程图

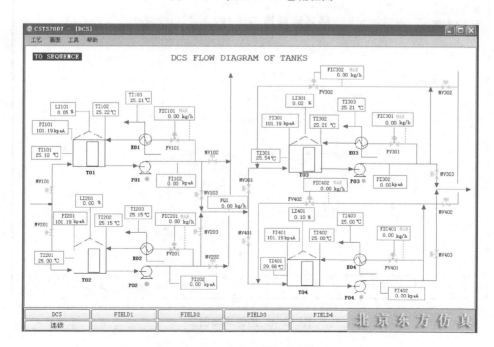

图 10-2 罐区 DCS 流程图

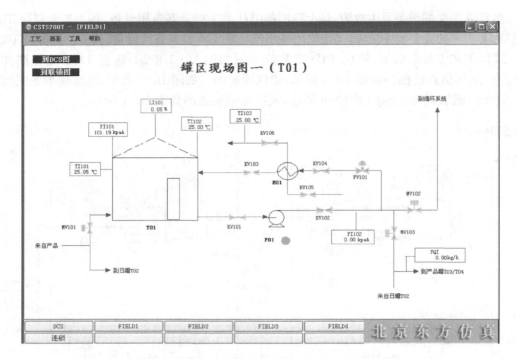

图 10-3　罐区现场图一

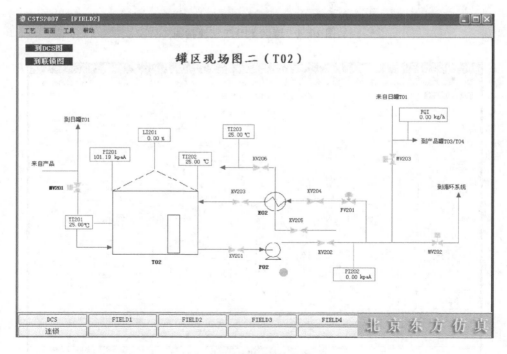

图 10-4　罐区现场图二

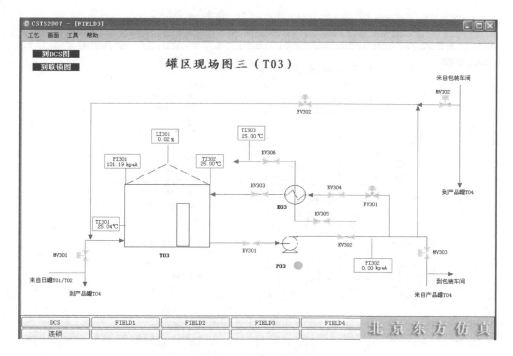

图10-5 罐区现场图三

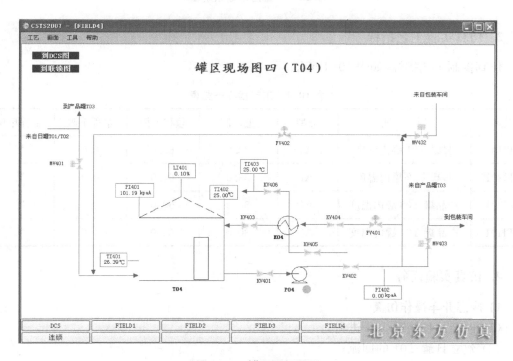

图10-6 罐区现场图四

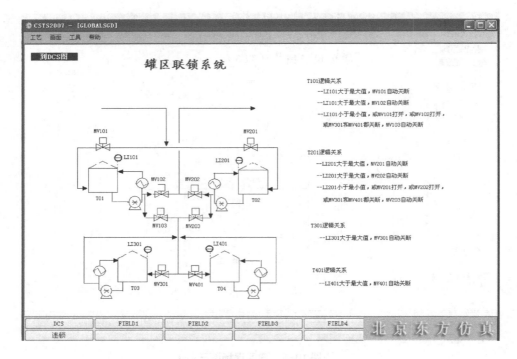

图 10-7　罐区连锁系统图

3. 仿真实验工艺指标

仿真控制工艺指标,如表 10-1 所示。

表 10-1　工艺指标一览表

位号	说　　明	类型	正常值	量程上限	量程下限	工程单位
TI101	日罐 T01 罐内温度	AI	33.0	60.0	0.0	℃
TI201	日罐 T02 罐内温度	AI	33.0	60.0	0.0	℃
TI301	产品罐 T03 罐内温度	AI	30.0	60.0	0.0	℃
TI401	产品罐 T04 罐内温度	AI	30.0	60.0	0.0	℃

4. 仿真实验任务

1) 冷态开车操作仿真

(1) 向产品日储罐 T01 进料;

(2) 建立日罐 T01 的回流;

(3) 冷却日罐物料;

(4) 向产品罐 T03 进料;

(5) 产品罐 T03 建立回流;

（6）冷却产品罐物料；

（7）产品罐出料。

2）事故处理操作仿真

（1）P01 泵坏；

（2）换热器 E01 结垢；

（3）换热器 E03 热物流串进冷物流。

5. 思考题

（1）罐区安全生产应注意哪些？

（2）产品罐和日罐各有什么特点？

（3）产品罐、日罐的液位分别应如何控制？

10.2　管式加热炉操作仿真（实验二十八）

1. 操作目的

利用管式加热炉加热液体或气体化工原料，通常有燃料油和燃料气，以辐射传热为主要方式提供热量，实现换热操作，维持设备内压力和温度等工艺指标，并保证设备的正常与安全稳定运行。

2. 工艺流程简介

1）工艺物料系统流程

图 10-8 中，某烃类化工原料在流量调节器 FIC101 的控制下先进入加热炉 F101 的对流段，经对流的加热升温后，再进入 F101 的辐射段，被加热至 420℃后，送至下一工序，其炉出口温度由调节器 TIC106 通过调节燃料气流量或燃料油压力来控制。

采暖水在调节器 FIC102 控制下，经与 F101 的烟气换热，回收余热后，返回采暖水系统。

2）燃料系统流程

燃料气管网的燃料气在调节器 PIC101 的控制下进入燃料气罐 V105，燃料气在 V105 中脱油脱水后，分两路送入加热炉，一路在 PCV01 控制下送入常明线；另一路在 TV106 调节阀控制下送入油-气联合燃烧器。

来自燃料油罐 V108 的燃料油经 P101A/B 升压后，在 PIC109 控制压送至燃烧器火嘴前，用于维持火嘴前的油压，多余燃料油返回 V108。来自管网的雾化蒸汽在 PDIC112 的控制压与燃料油保持一定压差情况下送入燃料器。来自管网的吹热蒸汽直接进入炉膛底部。

管式加热炉的 PID 工艺流程图如图 10-8 所示，图 10-9 是管式加热炉 DCS 图，图 10-10 是管式加热炉现场图。

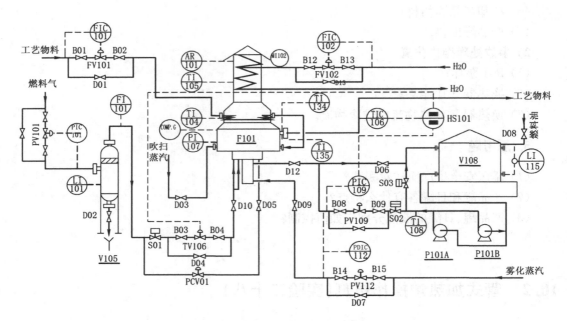

图 10-8　管式加热炉 PID 工艺流程图

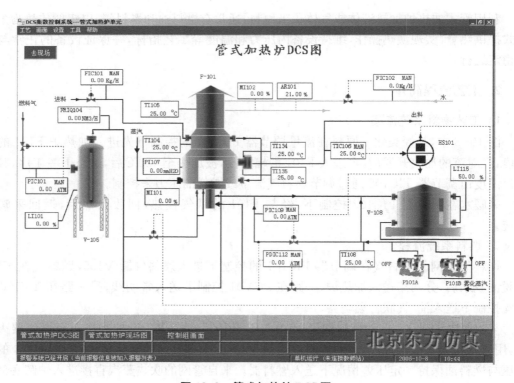

图 10-9　管式加热炉 DCS 图

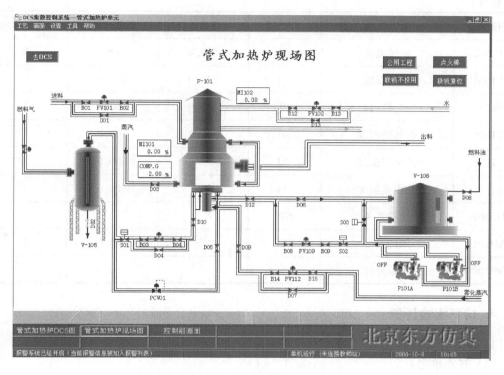

图 10-10　管式加热炉现场图

3. 仿真实验工艺指标

仿真控制工艺指标，如表 10-2 所示。

表 10-2　工艺指标一览表

位号	说　明	类型	正常值	量程上限	工程单位
AR101	烟气氧含量	AI	4.0	21.0	%
FIC101	工艺物料进料量	PID	3 072.5	6 000.0	kg/h
FIC102	采暖水进料量	PID	9 584.0	20 000.0	kg/h
LI101	V105 液位	AI	40.0～60.0	100.0	%
LI115	V108 液位	AI	40.0～60.0	100.0	%
PIC101	V105 压力	PID	2.0	4.0	atm(G)
PI107	烟膛负压	AI	−2.0	10.0	mmH$_2$O
PIC109	燃料油压力	PID	6.0	10.0	atm(G)
PDIC112	雾化蒸汽压差	PID	4.0	10.0	atm(G)

续表

位号	说　　明	类型	正常值	量程上限	工程单位
TI104	炉膛温度	AI	640.0	1 000.0	℃
TI105	烟气温度	AI	210.0	400.0	℃
TIC106	工艺物料炉	PID	420.0	800.0	℃
TI108	燃料油温度	AI		100.0	℃
TI134	炉出口温度	AI		800.0	℃
TI135	炉出品温度	AI		800.0	℃
HS101	切换开关	SW			
MI101	风门开度	AI		100.0	%
MI102	挡板开度	AI		100.0	%

4. 仿真实验任务

1) 冷态开车操作仿真

（1）开车准备；

（2）点火准备工作；

（3）燃料气准备；

（4）点火操作；

（5）升温操作；

（6）工艺物料加料；

（7）启动燃料油系统；

（8）调整至正常。

2) 正常操作仿真

（1）正常工况下主要工艺参数的生产指标；

（2）TIC106 控制方案切换。

3) 正常停车操作仿真

（1）停车准备；

（2）降量；

（3）降温及停燃料油系统；

（4）停燃料气及工艺物料；

（5）炉膛吹扫。

4) 事故处理仿真

（1）燃料油火嘴堵；

（2）燃料气压力低；

（3）炉管破裂；

（4）燃料气调节阀卡；

（5）燃料气带液；

（6）燃料油带水；

（7）雾化蒸汽压力低；

（8）燃料油泵 A 停。

5. 思考题

（1）什么叫工业炉？按热源区分可分为几类？

（2）油气混合燃烧炉的主要结构是什么？开/停车时应注意哪些问题？

（3）加热炉在点火前为什么要对炉膛进行蒸汽吹扫？

（4）加热炉点火时为什么要先点燃点火棒，再依次开长明线阀和燃料气阀？

（5）在点火失败后，应做些什么工作？为什么？

（6）加热炉在升温过程中为什么要烘炉？升温速度应如何控制？

（7）加热炉在升温过程中，什么时候引入工艺物料？为什么？

（8）在点燃燃料油火嘴时应做哪些准备工作？

（9）雾化蒸气量过大或过小，对燃烧有什么影响？应如何处理？

（10）烟道气出口氧气含量为什么要保持在一定范围？过高或过低意味着什么？

（11）加热过程中风门和烟道挡板的开度大小对炉膛负压和烟道气出口氧气含量有什么影响？

10.3　锅炉操作仿真（实验二十九）

1. 操作目的

通过锅炉对水进行加热，制备过热蒸汽，整个操作过程需维持设备内压力和温度等参数，并保证设备的正常与安全稳定运行。

2. 锅炉基础知识

锅炉基于燃料（燃料油、燃料气）与空气按一定比例混合即发生燃烧而产生高温火焰并放出大量热量的原理，主要是燃烧后辐射段的火焰和高温烟气对水冷壁的锅炉给水进行加热，使锅炉给水变成饱和水而进入汽包进行汽水分离，而从辐射室出来进入对流段的烟气仍具有很高的温度，再通过对流室对来自于汽包的饱和蒸汽进行加热即产生过热蒸汽。锅炉主要由汽水系统和燃烧系统构成。

（1）汽水系统即所谓的"锅"，它的任务是吸收燃料燃烧放出的热量，使水蒸气蒸发最后成为规定压力和温度的过热蒸汽。它由（上、下）汽包、对流管束、降管、（上、下）联箱、水冷壁、过热器、减温器和省煤器组成。

①汽包：装在锅炉的上部，包括上下两个汽包，它们分别是圆筒形的受压容器，它们之间

通过对流管束连接。上汽包的下部是水,上部是蒸汽,它接收省煤器的来水,并依靠重力的作用将水经过对流管束送入下汽包。② 对流管束"由多根细管组成,将上、下汽包连接起来。上汽包中的水经过对流管束流入下汽包,其间要吸收炉膛放出的大量热。③ 降管:它是水冷壁的供水管,即汽包中的水流入下降管并通过水冷壁下的联箱均匀地分配到水冷壁的各个上升管中。④水冷壁:是布置在燃烧室内四周墙上的许多平行的管子。它主要的作用是吸收燃烧室中的辐射热,使管内的水汽化,蒸汽就是在水冷壁中产生的。⑤过热器:过热器的作用是利用烟气的热量将饱和蒸汽加热成一定温度的过热蒸汽。⑥减温器:在锅炉的运行过程中,由于很多因素使过热蒸汽加热温度发生变化,而为用户提供的蒸汽温度保持在一定范围内,为此必须装设汽温调节设备。其原理是接受冷量,将过热蒸汽温度降低。本单元中,一部分锅炉给水先经过减温器调节过热蒸汽温度后再进入上汽包。本单元的减温器为多根细管装在一个筒体中的表面式减温器。⑦省煤器:装在锅炉尾部的垂直烟道中。它利用烟气的热量来加热给水,以提高给水温度,降低排烟温度,节省燃料。⑧联箱:本工艺采用的是圆形联箱,它实际为直径较大,两端封闭的圆管,用来连接管子,起着汇集、混合和分配水汽的作用。

(2) 燃烧系统:燃烧系统即所谓的"炉",它的任务是使燃料在炉中更好地燃烧。本单元的燃烧系统由炉膛和燃烧器组成。

3. 工艺流程简介

以 65 t/h 过热蒸汽锅炉为例,燃料气、燃料油、液态烃与 CO 废气混烧进行仿真。

除氧器通过水位调节器 LIC101 接受外界来水经热力除氧后,一部分经低压水泵 P102 供全厂各车间,另一部分经高压水泵 P101 供锅炉用水,除氧器压力由 PIC101 单回路控制。锅炉给水一部分经减温器回水至省煤器;另一部分直接进入省煤器,两路给水调节阀通过过热蒸汽温度调节器 TIC101 分程控制,被烟气回热至 256℃ 饱和水进入上汽包,再经对流管束至下汽包,再通过下降管进入锅炉水冷壁,吸收炉膛辐射热使其在水冷壁里变成汽水混合物,然后进入上汽包进行汽水分离。锅炉总给水量由上汽包液位调节器 LIC102 单回路控制。

256℃ 的饱和蒸汽经过低温段过热器(通过烟气换热)、减温器(锅炉给水减温)、高温段过热器(通过烟气换热),变成 447℃、3.77 MPa 的过热蒸汽供给全厂用户。

燃料气包括高压瓦斯气和液态烃,分别通过压力控制器 PIC104 和 PIC103 单回路控制进入高压瓦斯罐 V101,高压瓦斯罐顶气通过过热蒸汽压力控制器 PIC102 单回路控制进入六个点火枪;燃料油经燃料油泵 P105 升压进入六个点火枪进料燃烧室。燃烧所用空气通过鼓风机 P104 增压进入燃烧室。CO 烟气系统由催化裂化再生器产生,温度为 500℃,经过水封罐进入锅炉,燃烧放热后再排至烟窗。

锅炉排污系统包括连排系统和定排系统,用来保持水蒸气品质。

锅炉系统的流程图分别如图 10-11、图 10-12、图 10-13、图 10-14 和图 10-15 所示。

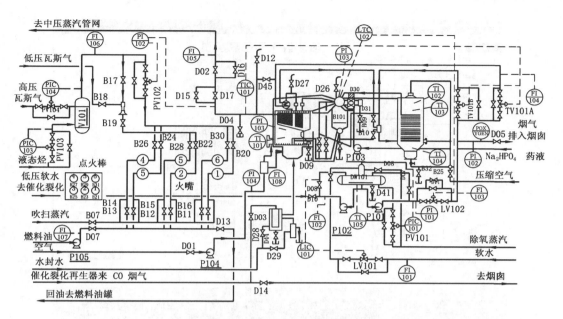

图 10-11　PID 工艺流程图

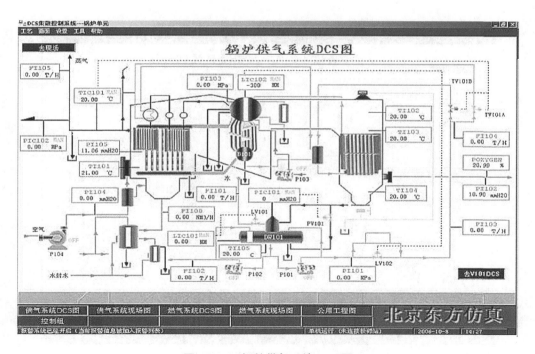

图 10-12　锅炉供气系统 DCS 图

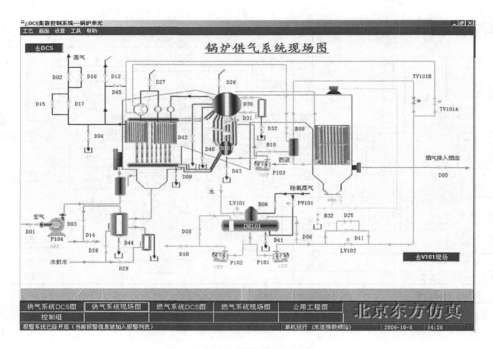

图 10-13　锅炉供气系统现场图

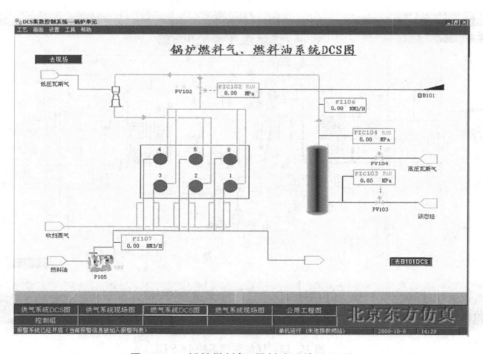

图 10-14　锅炉燃料气、燃料油系统 DCS 图

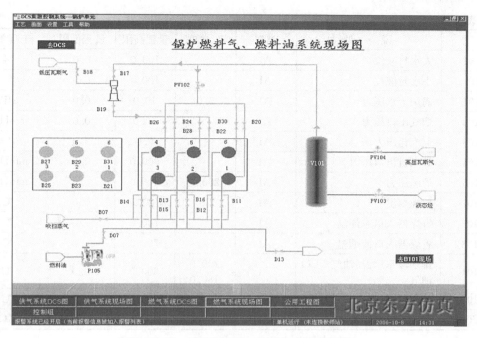

图 10-15　锅炉燃料气、燃料油系统现场图

3. 仿真实验工艺指标

仿真控制工艺指标，如表 10-3 所示。

表 10-3　工艺指标一览表

位　号	说　明	类型	正常值	量程高限	量程低限	工程单位
LIC101	除氧器水位	PID	400.0	800.0	0.0	mm
LIC102	上汽包水位	PID	0.0	300.0	−300.0	mm
TIC101	过热蒸汽温度	PID	447.0	600.0	0.0	℃
PIC101	除氧器压力	PID	2 000.0	4 000.0	0.0	mmH$_2$O
PIC102	过热蒸汽压力	PID	3.77	6.0	0.0	MPa
PIC103	液态烃压力	PID	0.6	0.0		MPa
PIC104	高压瓦斯压力	PID	0.30	1.0	0.0	MPa
FI101	软化水流量	AI		200.0	0.0	t/h
FI102	去催化除氧水流量	AI		200.0	0.0	t/h
FI103	锅炉上水流量	AI		80.0	0.0	t/h
FI104	减温水流量	AI		20.0	0.0	t/h
FI105	过热蒸汽输出流量	AI	65.0	80.0	0.0	t/h
FI106	高压瓦斯流量	AI		3 000.0	0.0	m^3(标准态)/h
FI107	燃料油流量	AI		8.0	0.0	m^3(标准态)/h
FI108	烟气流量	AI		200 000.0	0.0	m^3(标准态)/h

续表

位 号	说 明	类型	正常值	量程高限	量程低限	工程单位
LI101	大水封液位	AI		100.0	0.0	%
LI102	小水封液位	AI		100.0	0.0	%
PI101	锅炉上水压力	AI	5.0	10.0	0.0	MPa
PI102	烟气出口压力	AI		40.0	0.0	mmH$_2$O
PI103	上汽包压力	AI		6.0	0.0	MPa
PI104	鼓风机出口压力	AI		600.0	0.0	mmH$_2$O
PI105	炉膛压力	AI	200.0	400.0	0.0	mmH$_2$O
TI101	炉膛烟温	AI		1 200.0	0.0	℃
TI102	省煤器入口东烟温	AI		700.0	0.0	℃
TI103	省煤器入口西烟温	AI		700.0	0.0	℃
TI104	排烟段东烟温:油气+CO 油气	AI	200.0 180.0	300.0	0.0	℃
TI105	除氧器水温	AI		200.0	0.0	℃
POXYGEN	烟气出口氧含量	AI	0.9~3.0	21.0	0.0	%O$_2$

4. 仿真实验任务

1) 冷态开车操作仿真

本装置的开车状态为所有设备均经过吹扫试压,压力为常压,温度为环境温度,所有可操作阀均处于关闭状态。

(1) 启动公用工程;

(2) 除氧器投运;

(3) 锅炉上水;

(4) 燃料系统投运;

(5) 锅炉点火;

(6) 锅炉升压;

(7) 锅炉并汽;

(8) 锅炉负荷提升;

(9) 至催化裂化除氧水流量提升。

2) 正常停车操作仿真

(1) 锅炉负荷降量;

(2) 关闭燃料系统;

(3) 冷却;

(4) 停上汽包上水;

(5) 泄液。

3) 紧急停炉操作仿真

(1) 停燃料系统;

(2) 降低锅炉负荷;

（3）上汽包停止上水。

4）正常操作仿真

在仿真过程中，密切注意各工艺参数的变化，维持生产过程运行稳定。

正常工况下的工艺参数指标见表 10-4。

表 10-4　正常工况下的工艺参数指标

工位号	正常指标	备　　注
FI105	65 t/h	蒸汽负荷正常控制值
TIC101	447℃	过热蒸汽温度
LIC102	0.0 mm	上汽包水位
PIC102	3.77 MPa	过热蒸汽压力
PI101	5.0 MPa	给水压力正常控制值
PI105	200 mmH$_2$O	炉膛压力正常控制值
PIC104	0.30 MPa	燃料气压力
POXYGEN	0.9%～3.0%	烟道气氧含量
PIC101	2 000 mmH$_2$O	除氧器压力
LIC101	400 mm	除氧器液位

5）事故处理仿真

注重事故现象的分析、判断能力的培养。处理事故过程中，要迅速、准确、无误。

（1）锅炉满水；

（2）锅炉缺水；

（3）对流管坏；

（4）减温器坏；

（5）蒸汽管坏；

（6）给水管坏；

（7）二次燃烧；

（8）电源中断。

5. 思考题

（1）在出现锅炉负荷（锅炉给水）剧减时，汽包水位将出现什么变化？为什么？

（2）请说明为什么上下汽包之间的水循环不用动力设备，其动力来源于哪里？

10.4　间歇釜反应器操作仿真（实验三十）

1. 操作目的

以间歇釜反应器制备 2-巯基苯并噻唑产品，掌握制备原理，熟悉操作过程，维持各设备内压力和温度，并保证设备的正常与安全稳定运行。

2. 工艺流程简介

间歇釜反应器制备 2-巯基苯并噻唑产品, 全流程的缩合反应包括备料工序和缩合工序。考虑到突出重点, 将备料工序略去。则缩合工序共有三种原料: 多硫化钠(Na_2S_n)、邻硝基氯苯($C_6H_4ClNO_2$)及二硫化碳(CS_2)。

主反应:

$$2C_6H_4NClO_2 + Na_2S_n \longrightarrow C_{12}H_8N_2S_2O_4 + 2NaCl + (n-2)S \downarrow$$

$$C_{12}H_8N_2S_2O_4 + 2CS_2 + 2H_2O + 3Na_2S_n \longrightarrow 2C_7H_4NS_2Na + 2H_2S \uparrow$$

$$+ 2Na_2S_2O_3 + (3n+4)S \downarrow$$

副反应:

$$C_6H_4NClO_2 + Na_2S_n + H_2O \longrightarrow C_6H_6NCl + Na_2S_2O_3 + S \downarrow$$

来自备料工序的 CS_2、$C_6H_4ClNO_2$、Na_2S_n 分别注入计量罐及沉淀罐中, 经计量沉淀后利用位差及离心泵压入反应釜中, 釜温由夹套中的蒸汽、冷却水及蛇管中的冷却水控制, 设有分程控制 TIC101(只控制冷却水), 通过控制反应釜温来控制反应速率及副反应速率, 来获得较高的收率及确保反应过程安全。

在工艺流程中, 主反应的活化能要比副反应的活化能要高, 因此升温后更有利于提高反应收率。在 90℃ 的时候, 主反应和副反应的反应速率比较接近, 因此, 要尽量延长反应温度在 90℃ 以上的时间, 以获得更多的主反应产物。

间歇反应釜 PID 工艺流程如图 10-16 所示, 间歇反应釜 DCS 图如图 10-17 所示, 间歇反应釜现场图如图 10-18 所示, 间歇反应釜组分分析图如图 10-19 所示。

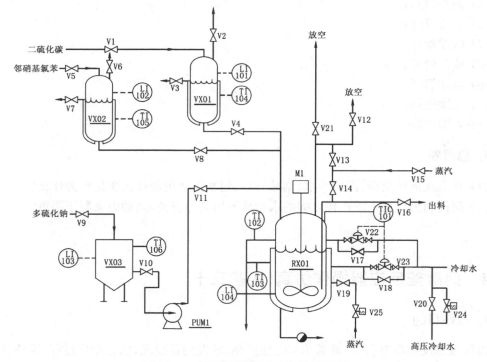

图 10-16 间歇反应釜 PID 工艺流程图

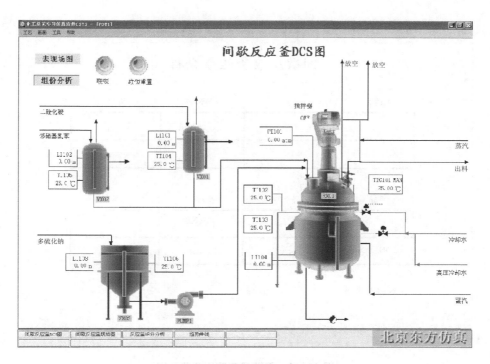

图 10-17 间歇反应釜 DCS 流程图

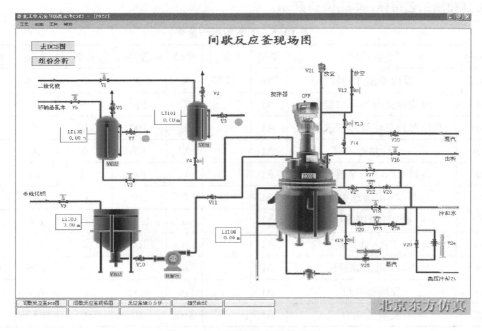

图 10-18 间歇反应釜现场图

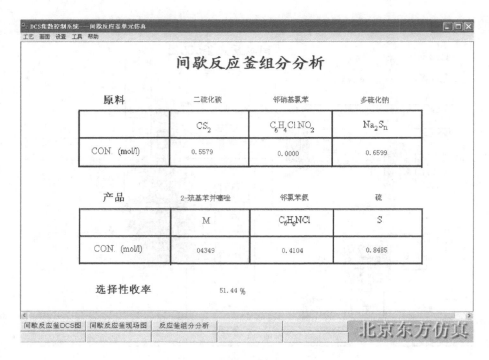

图 10-19　间歇反应釜组分分析图

3. 仿真实验工艺指标

仿真控制工艺指标，如表 10-5 所示。

表 10-5　工艺指标一览表

仪表位号	变量说明	类型	正常值	单位	量程高限	量程低限	高报	低报
TIC101	反应釜温度控制	PID	115℃	℃	500	0	128	25
TI102	反应釜夹套冷却水温度	AI		℃	100	0	80	60
TI103	反应釜内部蛇管冷却水温度	AI		℃	100	0	80	60
TI104	CS_2 计量罐温度	AI		℃	100	0	80	20
TI105	$C_6H_4ClNO_2$ 计量罐温度	AI		℃	100	0	80	20
TI106	Na_2S_n 沉淀罐温度	AI		℃	100	0	80	20
LI101	CS_2 计量罐液位	AI		m	1.75	0	1.4	0
LI102	$C_6H_4ClNO_2$ 计量罐液位	AI		m	1.5	0	1.2	0
LI103	Na_2S_n 沉淀罐液位	AI		m	4	0	3.6	0.1
LI104	反应釜液位	AI		m	3.15	0	2.7	0
PI101	反应釜压力	AI		atm	20	0	8	0

4. 仿真实验任务

1）冷态开车操作仿真

装置开工状态为各计量罐、反应釜、沉淀罐处于常温、常压状态，各种物料均已备好，大部分阀门、机泵处于关停状态（除蒸汽连锁阀外）。

（1）备料过程；

（2）进料；

（3）开车阶段；

（4）反应过程控制。

2）热态开车操作仿真

（1）反应中要求的工艺参数

① 反应釜中压力不大于 8 个大气压。

② 冷却水出口温度不低于 60℃，如低于 60℃ 易使硫在反应釜壁和蛇管表面结晶，使传热不畅。

（2）主要工艺生产指标的调整方法

① 温度调节：操作过程中以温度为主要调节对象，以压力为辅助调节对象。升温慢会引起副反应速率大于主反应速率的时间段过长，因而引起反应的产率低。升温快则反应容易失控。

② 压力调节：压力调节主要是通过调节温度实现的，但在超温的时候可以微开放空阀，使压力降低，以达到安全生产的目的。

③ 收率：由于在 90℃ 以下时，副反应速率大于正反应速率，因此在安全的前提下快速升温是收率高的保证。

3）停车操作仿真

在冷却水量很小的情况下，反应釜的温度下降仍较快，则说明反应接近尾声，可以进行停车出料操作。

4）事故操作仿真

（1）超温（压）事故；

（2）搅拌器 M1 停转；

（3）冷却水阀 V22、V23 卡住（堵塞）；

（4）出料管堵塞；

（5）测温电阻连线故障。

5. 思考题

（1）间歇釜反应器的特点是什么？

（2）如何有效地提高产品的收率？

（3）反应釜的温度和压力如何控制？

（4）当反应温度低于 90℃，对生产有何影响，为什么？

（5）简述装置中连锁的作用。

10.5 固定床反应器操作仿真(实验三十一)

1. 操作目的

以固定床催化反应器催化加氢脱乙炔,掌握固定床催化反应原理,熟悉操作过程,维持各设备内压力和温度等工艺指标,并保证设备的正常与安全稳定运行。

2. 工艺流程简介

本流程为利用催化加氢脱乙炔的工艺。乙炔是通过等温加氢反应器除掉的,反应器温度由壳侧中的制冷剂控制温度。

主反应:

$$nC_2H_2 + 2nH_2 \longrightarrow (C_2H_6)_n$$

该反应是一个强放热反应。每克乙炔反应后放出热量约为 34 000 kcal[①]。温度超过 66℃时有副反应,且是放热反应。

副反应:

$$2nC_2H_4 \longrightarrow (C_4H_8)_n$$

冷却介质为液态丁烷,通过丁烷蒸发带走反应器中的热量,丁烷蒸气通过冷却水冷凝。反应原料分两股,一股为约 −15℃的以 C_2 为主的烃原料,进料量由流量控制器 FIC1425 控制;另一股为 H_2 与 CH_4 的混合气,温度约 10℃,进料量由流量控制器 FIC1427 控制。FIC1425 与 FIC1427 为比值控制,两股原料按一定比例在管线中混合后经原料气/反应气换热器(EH-423)预热,再经原料预热器(EH-424)预热到 38℃,进入固定床反应器(ER-424A/B)。预热温度由温度控制器 TIC1466 通过调节预热器 EH-424 加热蒸汽(S3)的流量来控制。

ER-424A/B 中的反应原料在 2.523 MPa、44℃下反应生成 C_2H_6。当温度过高时会发生 C_2H_4 聚合生成 C_4H_8 的副反应。反应器中的热量由反应器壳侧循环的加压 C_4 制冷剂蒸发带走。C_4 蒸气在水冷器 EH-429 中由冷却水冷凝,而 C_4 制冷剂的压力由压力控制器 PIC-1426 通过调节 C_4 蒸气冷凝回流量来控制,从而保持 C_4 制冷剂的温度。

固定床反应器工艺流程图如下:固定床反应器 PID 工艺流程图如图 10-20 所示,固定床反应器 DCS 流程图如图 10-21 所示,固定床反应器现场图如图 10-22 所示,固定床反应器组分分析图如图 10-23 所示。

---

① 1 kcal=4 186 J。

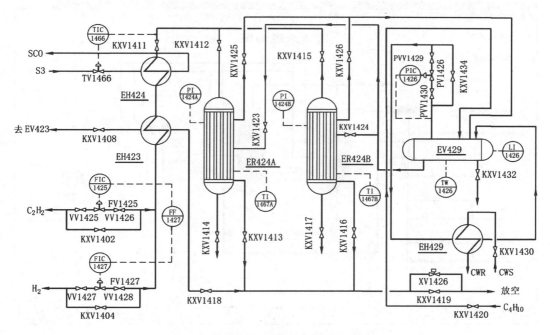

图 10-20　固定床反应器 PID 工艺流程图

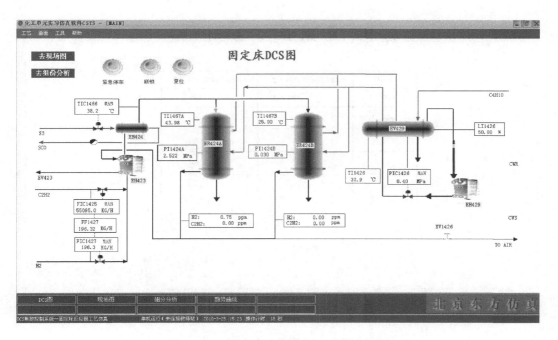

图 10-21　固定床反应器 DCS 工艺流程图

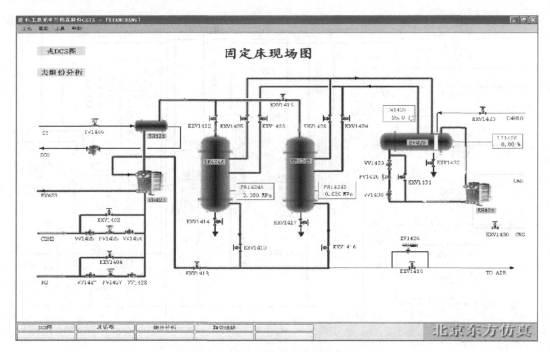

图 10-22　固定床反应器现场图

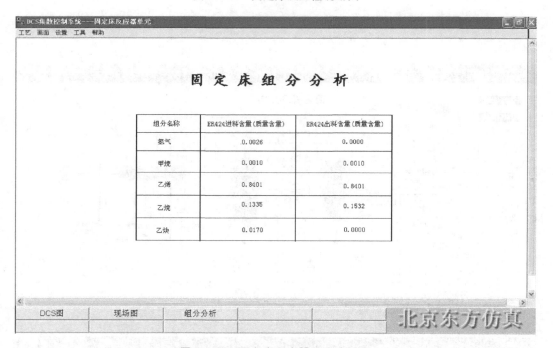

图 10-23　固定床反应器组分分析图

3. 仿真实验工艺指标

仿真控制工艺指标，如表 10-6 所示。

表 10-6　工艺指标一览表

仪表位号	说　明	类型	量程高限	量程低限	工程单位	报警上限	报警下限
PIC1426	EV429 罐压力控制	PID	1.0	0.0	MPa	0.70	无
TIC1466	EH423 出口温控	PID	80.0	0.0	℃	43.0	无
FIC1425	C_2H_2 流量控制	PID	700 000.0	0.0	kg/h	无	无
FIC1427	H_2 流量控制	PID	300.0	0.0	kg/h	无	无
FT1425	C_2H_2 流量	PV	700 000.0	0.0	kg/h	无	无
FT1427	H_2 流量	PV	300.0	0.0	kg/h	无	无
TC1466	EH423 出口温度	PV	80.0	0.0	℃	43.0	无
TI1467A	ER424A 温度	PV	400.0	0.0	℃	48.0	无
TI1467B	ER424B 温度	PV	400.0	0.0	℃	48.0	无
PC1426	EV429 压力	PV	1.0	0.0	MPa	0.70	无
LI1426	EV429 液位	PV	100.0	0.0	%	80.0	20.0
AT1428	ER424A 出口氢浓度	PV	200 000.0	90.0	ppm	无	无
AT1429	ER424A 出口乙炔浓度	PV	1 000 000.0	无	ppm	无	无
AT1430	ER424B 出口氢浓度	PV	200 000.0	90.0	ppm	无	无
AT1431	ER424B 出口乙炔浓度	PV	1 000 000.0	无	ppm	无	无

4. 仿真实验任务

1) 冷态开车操作仿真
装置的开工状态为反应器和闪蒸罐都处于已进行过氮气冲压置换后,保压在 0.03 MPa 状态。可以直接进行实气冲压置换。

(1) EV429 闪蒸器充丁烷;

(2) ER424A 反应器充丁烷;

(3) ER424A 启动。

2) 正常操作仿真
(1) 正常工况下工艺参数;

(2) ER424A 与 ER424B 间切换。

3) 停车操作仿真
(1) 正常停车;

(2) 紧急停车。

4) 事故操作仿真
(1) 氢气进料阀卡住;

(2) 预热器 EH424 阀卡住;

(3) 闪蒸罐压力调节阀卡;

(4) 反应器漏气;

(5) EH429 冷却水停;

(6) 反应器超温。

5. 思考题

(1) 结合本单元说明比例控制的工作原理。

(2) 为什么是根据乙炔的进料量调节配氢氢气的量,而不是根据氢气的量调节乙炔的进料量?

(3) 根据本单元实际情况,说明反应器冷却剂的自循环原理。

(4) 结合本单元实际,请说明"连锁"和"连锁复位"的概念。

10.6 流化床反应器操作仿真(实验三十二)

1. 操作目的

利用流化床催化反应器,以乙烯、丙烯以及反应混合气为原料,制备高抗冲击共聚物,掌握流化床催化反应原理,熟悉操作过程,维持各设备内压力和温度等工艺指标,并保证设备的正常与安全稳定运行。

2. 工艺流程简介

以乙烯、丙烯以及反应混合气为原料在 70℃、1.35 MPa 压力下,通过具有剩余活性的干均聚物(聚丙烯)的引发,在流化床反应器里进行反应,同时加入氢气以改善共聚物的本征黏度,生成高抗冲击共聚物。反应机理如下:

$$nC_2H_4 + nC_3H_6 \longrightarrow [C_2H_4 - C_3H_6]_n$$

主要原料:乙烯,丙烯,具有剩余活性的干均聚物(聚丙烯),氢气。

高抗冲击共聚物(具有乙烯和丙烯单体的共聚物)为主产物,没有副产物。

具有剩余活性的干均聚物(聚丙烯),在压差作用下自闪蒸罐 D301 流入气相共聚反应器 R401,聚合物从顶部进入流化床反应器,落在流化床的床层上。在气体分析仪的控制下,氢气被加到乙烯进料管道中,以改进聚合物的本征黏度,满足加工需要。

来自乙烯气提塔 T402 的回收气与反应器 R401 出口的未反应的循环单体汇合进入气体冷却器 E401 换热,移热后的循环物料进入压缩机 C401 的吸入口。补充的物料,氢气由 FC402、乙烯由 FC403、丙烯由 FC404 分别控制流量,三者混合后加入压缩机 C401 排出口。以上物料通过一个特殊设计的栅板进入反应器,整个过程的氢气和丙烯的补充量根据工业色谱仪的分析结果进行调节,丙烯进料量以保证反应器的进料气体满足工艺要求的为准。

由反应器底部出口管路上的控制阀 LV401 来维持聚合物的料位,聚合物料位决定了停留时间,也决定了聚合反应的程度。为了避免过度聚合的鳞片状产物堆积在反应器壁上,反应器内配置转速较慢的刮刀 A401,以使反应器壁保持干净。

栅板下部夹带的聚合物细末,用一台小型旋风分离器 S401 除去,并送到下游的袋式过滤器处理。

共聚物的反应压力约为 1.4 MPa（表），反应温度 70℃，由于系统压力位于闪蒸罐压力和袋式过滤器压力之间，从而在整个聚合物管路中形成一定压力梯度，以避免容器间物料的返混并使聚合物向前流动。

流化床反应器 PID 工艺流程图如图 10-24 所示，流化床反应器 DCS 工艺流程图如图 10-25 所示，流化床反应器现场图如图 10-26 所示。

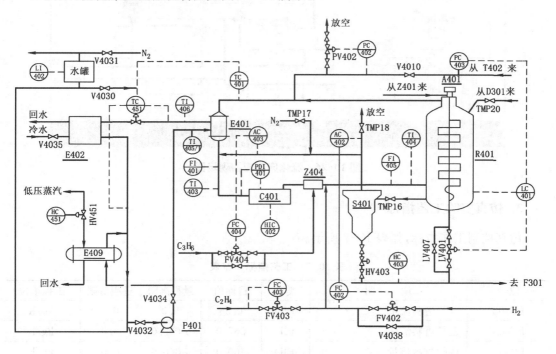

图 10-24　流化床反应器 PID 工艺流程图

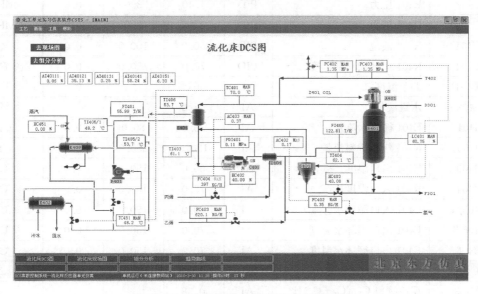

图 10-25　流化床反应器 DCS 工艺流程图

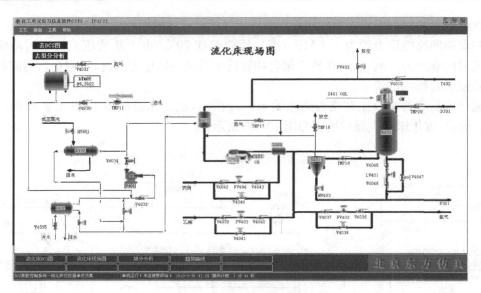

图 10-26　流化床反应器现场图

3. 仿真实验工艺指标

仿真控制工艺指标,如表 10-7 所示。

表 10-7　工艺指标一览表

位号	说　明	类型	目标值	量程高限	量程低限	工程单位
FC402	氢气进料流量	PID	0.35	5.0	0.0	kg/h
FC403	乙烯进料流量	PID	567.0	1 000.0	0.0	kg/h
FC404	丙烯进料流量	PID	400.0	1 000.0	0.0	kg/h
PC402	R401 压力	PID	1.40	3.0	0.0	MPa
PC403	R401 压力	PID	1.35	3.0	0.0	MPa
LC401	R401 液位	PID	60.0	100.0	0.0	%
TC401	R401 循环物料的温度	PID	70.0	150.0	0.0	℃
TC451	调节温度	PID	50℃		0.0	℃
LI402	水罐液位	AI	95.2			%
FI401	E401 循环水流量	AI	36.0	80.0	0.0	t/h
FI405	R401 气相进料流量	AI	120.0	250.0	0.0	t/h
TI403	E401 出口温度	AI	65.0	150.0	0.0	℃
TI404	R401 入口温度	AI	75.0	150.0	0.0	℃
TI405/1	E401 入口循环水温度	AI	60.0	150.0	0.0	℃
TI405/2	E401 出口循环水温度	AI	70.0	150.0	0.0	℃
TI406	E401 出口循环水温度	AI	70.0	150.0	0.0	℃
AC402	反应物料 H_2/C_2 比	AI	0.18			
AC403	反应物料 $C_2/(C_3+C_2)$ 比	AI	0.38			

4. 仿真实验任务

1）开车准备

准备工作包括：系统中用氮气充压,循环加热氮气,随后用乙烯对系统进行置换(按照实际正常的操作,用乙烯置换系统要进行两次,考虑到时间关系,只进行一次)。这一过程完成之后,系统将准备开始单体开车。

(1) 系统氮气充压加热;

(2) 氮气循环;

(3) 乙烯充压。

2）干态运行开车

(1) 反应进料;

(2) 准备接收 D301 来的均聚物。

3）共聚反应物的开车

4）稳定状态的过渡

(1) 反应器的液位控制;

(2) 反应器压力和气相组成控制。

5）停车操作仿真

(1) 降反应器料位;

(2) 关闭乙烯进料,保压;

(3) 关丙烯及氢气进料;

(4) 氮气吹扫。

6）正常操作仿真

在实训过程中,密切注意各工艺参数的变化,维持生产过程运行稳定。

正常工况下的工艺参数指标见表 10-8:

表 10-8　正常工况下的工艺参数指标

工位号	正常指标	备　　注
FC402	0.35 kg/h	调节氢气进料量(与 AC402 串级)正常值
FC403	567.0 kg/h	单回路调节乙烯进料量正常值
FC404	400.0 kg/h	调节丙烯进料量(与 AC403 串级)正常值
PC402	1.4 MPa	单回路调节系统压力
PC403	1.35 MPa	主回路调节系统压力
LC401	60%	反应器料位(与 PC403 串级)
TC401	70℃	主回路调节循环气体温度
TC451	50℃	分程调节移走反应热量(与 TC401 串级)
AC402	0.18	主回路调节反应产物中 H_2/C_2 之比
AC403	0.38	主回路调节反应产物中 $C_2/(C_3+C_2)$ 之比正常值

7）事故处理仿真

注重事故现象的分析、判断能力的培养。处理事故过程中,要迅速、准确、无误。

（1）泵 P401 停车；

（2）压缩机 C401 停；

（3）丙烯进料停；

（4）乙烯进料停；

（5）D301 供料停。

5. 思考题

（1）什么叫流化床？与固定床相比有什么特点？

（2）请简述本培训单元所选流程的反应机理。

（3）在开车及运行过程中,为什么一直要保持氮封？

（4）气相共聚反应器的流态化是如何形成的？

10.7 一氧化碳中低温变换操作仿真（实验三十三）

1. 操作目的

选择 CO 变换有效催化剂,最大可能地提高 CO 变换率,提高原料烃的利用率和有效氢的产量,整个过程需维持设备内压力和温度等工艺参数,并保证设备的正常与安全稳定运行。

2. 工艺流程简介

根据 CO 变换段间降温方式的不同,变换工序的流程有喷水冷激、蒸汽过热和中间换热的三段变换流程。变换工序的流程除了考虑满足于各段合适的温度条件以外,还需考虑合理的能量回收。大型氨厂采用多段中变低变流程,一般与甲烷化方法配合。中小型氨厂多采用多段中变流程。

CO 的变换反应为

$$CO + H_2O \rightleftharpoons CO_2 + H_2$$

当 CO 的变换反应完全在气相中进行时,如果不使用变换催化剂,即使温度高达 1 000℃,水汽比也很大,其反应速度仍很慢。因此,在工业生产中必须采用变换催化剂来提高反应速度。反应必须在催化剂存在的条件下进行。中温变换采用铁基催化剂,反应温度为 350～500℃,低温变换采用铜基催化剂,反应温度为：220～320℃。

CO 变换催化剂的种类很多,按活性组分可分为铁系、铜系、钴钼系等类；按活性温度可分为高温、低温两类。一套装置选用何种催化剂,主要取决于工艺流程和工艺要求,变换原料气 CO 和硫化物的含量是选用变换催化剂的主要依据。若原料气在进入变换反应前硫含量很低,或进行精细脱硫,可采用铁铬系和铜锌系高低变催化剂的串联流程;反之若原料气中硫含量很高,则变换应采用耐硫钴钼系催化剂。

铁铬系高温变换催化剂的活性组分是 Fe_3O_4($80\%\sim90\%$),助催化剂是 Cr_2O_3($7\%\sim11\%$),另外还含有少量 K_2O、Na_2O 等碱性氧化物。铜锌系低温催化剂中除了活性组分铜以外,还有助催化剂和载体 ZnO、Al_2O_3 或 Cr_2O_3 等,组成范围为:氧化铜 $15.3\%\sim31.2\%$(高铜催化剂可达 42%),氧化锌 $32\%\sim62.2\%$,三氧化二铝 $0\%\sim40.5\%$。钴钼系催化剂的活性组分为钴和钼。

工艺流程图分别如图 10-27、图 10-28、图 10-29 所示。

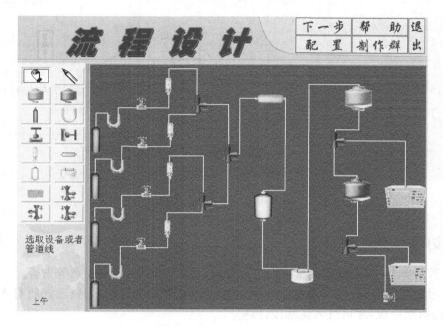

图 10-27　工艺流程设计图

图 10-28　工艺流程设计图例

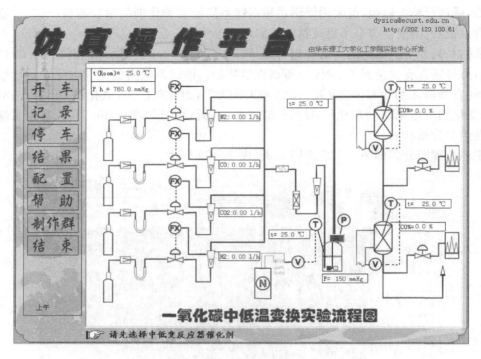

图 10-29　PID 工艺流程图

3. 仿真实验任务

（1）教学部分：了解并掌握实验的工业背景、动力学知识、实验要点等内容。

（2）习题测验部分：在习题测验部分中共有 10 道多项选择题，每道选择题有 4～5 个选项，学生需依次完成，才可进入流程设计部分。

（3）流程设计部分：在流程设计部分中学生需根据已有的实验知识，运用自己的设计能力，利用软件提供的设备搭成正确的实验流程。

（4）模拟运行部分：在模拟运行部分中提供了一套标准的实验流程，学生根据软件的提示进行操作，需完成从开车到停车的整个操作过程，并收集有关实验数据，以进行实验后处理。

4. 思考题

（1）CO 中温和低温变换的催化剂有哪些？

（2）CO 中温和低温变换有何区别？

（3）气固相催化反应有什么特点？

附　录

附录一　比表面积测定常用表

p/p_0	r_k（孔半径）/nm	吸附膜厚度，t/nm	r_{pi}（实际孔半径）/nm	d_{pi}（实际孔直径）/nm
0.990	94.849 589 35	2.805 001 332	97.654 590 68	195.309 2
0.985	63.073 512 84	2.448 331 724	65.521 844 57	131.043 7
0.980	47.185 271 44	2.222 576 609	49.407 848 04	98.815 7
0.975	37.652 162 82	2.061 505 809	39.713 668 63	79.427 3
0.970	31.296 619 55	1.938 297 328	33.234 916 88	66.469 8
0.960	23.351 877 82	1.758 039 074	25.109 916 9	50.219 8
0.950	18.584 694 94	1.629 194 989	20.213 889 93	40.427 8
0.940	15.406 287 01	1.530 455 06	16.936 742 07	33.873 5
0.920	11.432 619 74	1.385 595 635	12.818 215 38	25.636 4
0.900	9.047 698 965	1.281 643 682	10.329 342 65	20.658 7
0.880	7.457 131 242	1.201 651 452	8.658 782 695	17.317 6
0.850	5.865 595 051	1.109 239 379	6.974 834 43	13.949 7
0.820	4.803 556 157	1.037 788 557	5.841 344 713	11.682 7
0.800	4.272 004 380	0.998 002 931	5.270 007 31	10.540 0
0.780	3.836 694 089	0.962 883 278	4.799 577 367	9.599 2
0.750	3.313 624 031	0.916 971 133	4.230 595 164	8.461 2
0.700	2.672 658 242	0.853 563 292	3.526 221 533	7.052 4
0.650	2.212 878 443	0.801 506 606	3.014 385 049	6.028 8
0.600	1.866 136 279	0.757 243 764	2.623 380 042	5.246 8
0.550	1.594 532 000	0.718 564 35	2.313 096 35	4.626 2
0.500	1.375 278 231	0.683 992 663	2.059 270 894	4.118 5
0.450	1.193 814 703	0.652 479 535	1.846 294 239	3.692 6
0.400	1.040 357 82	0.623 230 691	1.663 588 511	3.327 2
0.350	0.908 030 233	0.595 600 001	1.503 630 234	3.007 3
0.300	0.791 770 566	0.569 011 492	1.360 782 058	2.721 6
0.250	0.687 639 116	0.542 885 336	1.230 524 452	2.461 0
0.200	0.592 300 095	0.516 537 498	1.108 837 593	2.217 7
0.150	0.502 482 835	0.488 984 392	0.991 467 227	1.982 9
0.100	0.414 000 00	0.458 410 652	0.872 410 652	1.744 8
0.060	0.318 209 42	0.419 912 624	0.738 122 043	1.476 2

附录二　空气的重要物理性质

温度 /℃	密度 /(kg/m³)	比定压热容 /[kJ/(kg·K)]	导热系数 /[W/(m·K)]	黏度×10⁶ /(Pa·s)	运动黏度×10⁶ /(m²/s)
−10	1.342	1.009	0.023 6	16.7	12.43
0	1.293	1.005	0.024 4	17.2	13.28
10	1.247	1.005	0.025 1	17.7	14.16
20	1.205	1.005	0.025 9	18.1	15.06
30	1.165	1.005	0.026 7	18.6	16.00
40	1.128	1.005	0.027 6	19.1	16.96
50	1.093	1.005	0.028 3	19.6	17.95
60	1.060	1.005	0.029 0	20.1	18.97
70	1.029	1.009	0.029 7	20.6	20.02
80	1.000	1.009	0.030 5	21.1	21.09
90	0.972	1.009	0.031 3	21.5	22.10
100	0.946	1.009	0.032 1	21.9	23.13
120	0.898	1.009	0.033 4	22.9	25.45
140	0.854	1.013	0.034 9	23.7	27.80

附录三　水的重要物理性质

温度 /℃	压力		密度 /(kg/m³)	焓 /(kJ/kg)	比热容 /[kJ/(kg·K)]	导热系数 /[W/(m·K)]	黏度 /(mPa·s)	运动黏度 ×10³ /(m²/s)	表面张力 /(mN/m)
	kPa	kgf/cm²							
0	101.3	1.013	999.9	0	4.212	0.551	1.789	1.789	75.6
10	101.3	1.013	999.7	42.04	4.191	0.575	1.305	0.130 6	74.1
20	101.3	1.013	998.2	83.90	4.183	0.599	1.005	0.100 6	72.7
30	101.3	1.013	995.7	125.8	4.174	0.618	0.801	0.080 5	71.2
40	101.3	1.013	992.2	167.5	4.174	0.634	0.653	0.065 9	69.6
50	101.3	1.013	988.1	209.3	4.174	0.648	0.549	0.055 6	67.7
60	101.3	1.013	983.2	251.1	4.178	0.659	0.470	0.047 8	66.2
70	101.3	1.013	977.8	293.0	4.187	0.668	0.406	0.041 5	64.3
80	101.3	1.013	971.8	334.9	4.195	0.675	0.355	0.036 5	62.6
90	101.3	1.013	965.3	377.0	4.208	0.680	0.315	0.032 6	60.7
100	101.3	1.013	958.4	419.1	4.220	0.683	0.283	0.029 5	58.8

附录四　乙醇-水在常压下的汽液平衡数据

沸点 /℃	液相组成 （乙醇分子）/%	气相组成 （乙醇分子）/%	沸点 /℃	液相组成 （乙醇分子）/%	气相组成 （乙醇分子）/%
100	0	0	80.4	45.41	63.43
94.95	2.01	18.68	80.0	50.16	65.34
90.5	5.07	33.06	79.75	54.00	66.92
87.7	7.95	40.18	79.55	59.55	69.59
86.2	10.48	44.61	79.3	64.05	71.86
84.5	14.95	49.77	78.85	70.63	75.82
83.3	20.00	53.09	78.6	75.99	79.26
82.35	25.00	55.48	78.4	79.82	81.83
81.6	30.01	57.70	78.2	85.97	86.40
81.2	35.09	59.55	78.15	89.41	89.41

附录五　乙醇-水溶液密度与组成的关系

体积分数/%	密度/(kg/m³)	质量分数/%	体积分数/%	密度/(kg/m³)	质量分数/%
0	998.23	0.00	54	922.12	46.22
3	993.85	2.38	57	915.76	49.13
6	989.74	4.78	60	909.16	52.09
9	985.96	7.20	63	902.31	55.11
12	982.39	9.64	66	895.26	58.19
15	978.97	12.09	69	887.99	61.33
18	975.70	14.56	72	880.51	64.54
21	972.50	17.04	75	872.77	67.83
24	969.25	19.54	78	864.80	71.19
27	965.83	22.06	81	856.52	74.64
30	962.24	24.61	84	847.91	78.19
33	958.39	27.18	87	838.88	81.86
36	954.19	29.78	90	829.26	85.66
39	949.64	32.41	93	818.93	89.63
42	944.79	35.09	96	807.43	93.84
45	939.56	37.80	98	799.97	96.81
48	934.04	40.56	100	789.27	100
51	928.22	43.37			

附录六　25℃,乙醇-环己烷-水三元物系液液平衡溶解度数据(质量分数)

序号	乙醇	环己烷	水
1	41.06	0.08	58.86
2	43.24	0.54	56.22
3	50.38	0.81	48.81
4	53.85	1.36	44.79
5	61.63	3.09	35.28
6	66.99	6.98	26.03
7	68.47	8.84	22.69
8	69.31	13.88	16.81
9	67.89	20.38	11.73
10	65.41	25.98	8.31
11	61.59	30.63	7.78
12	48.17	47.54	4.29
13	33.14	64.79	2.07
14	16.70	82.41	0.89

附录七　醋酸-水二元系汽液平衡数据的关联

序号	$t/℃$	x_{HAc}	y_{HAc}	序号	$t/℃$	x_{HAc}	y_{HAc}
1	118.1	1.00	1.00	7	104.3	0.50	0.356
2	115.2	0.95	0.90	8	103.2	0.40	0.274
3	113.1	0.90	0.812	9	102.2	0.30	0.199
4	109.7	0.80	0.664	10	101.4	0.20	0.316
5	107.4	0.70	0.547	11	100.3	0.05	0.037
6	105.7	0.60	0.452	12	100.0	0	0

附录八　HAc-H_2O-VAc 三元系液液平衡溶解度数据表(278 K)

序号	HAc	H_2O	VAc	序号	HAc	H_2O	VAc
1	0.05	0.017	0.933	7	0.35	0.504	0.146
2	0.10	0.034	0.866	8	0.30	0.605	0.095
3	0.15	0.055	0.795	9	0.25	0.680	0.070
4	0.20	0.081	0.719	10	0.20	0.747	0.053
5	0.25	0.121	0.629	11	0.15	0.806	0.044
6	0.30	0.185	0.515	12	0.10	0.863	0.037

附录九　氨的亨利系数

液相浓度/ [kg(NH₃)/ 100 kg(H₂O)]	亨　利　系　数					
	0℃	10℃	20℃	25℃	30℃	40℃
10.0	0.340	0.575	0.957		1.51	2.09
7.5	0.316	0.535	0.894		1.43	2.15
5.0	0.293	0.500	0.829		1.33	2.00
4.0		0.522	0.807		1.30	1.97
3.0		0.483	0.778	1.00	1.27	1.92
2.5			0.765	0.989	1.24	1.92
2.0			0.763	0.973	1.23	1.95
1.6				0.945	1.21	1.90
1.2				0.950	1.20	1.91
1.0				0.927		1.93
0.5				0.844		

附录十　氨-水溶液液相浓度 5% 以下的亨利系数与温度关系

温度/℃	0	10	20	25	30	40
亨利系数	0.293	0.502	0.778	0.947	1.250	1.938

附录十一　气体的临界性质

物质	相对分子质量 /(g/mol)	临界温度/K	临界压力/ 标准大气压	临界密度/(g/cm³)
二氧化碳(CO_2)	44.01	304.1	72.8	0.469
水(H_2O)	18.015	647.096	217.755	0.322
甲烷(CH_4)	16.04	190.4	45.4	0.162
乙烷(C_2H_6)	30.07	305.3	48.1	0.203
丙烷(C_3H_8)	44.09	369.8	41.9	0.217
乙烯(C_2H_4)	28.05	282.4	49.7	0.215
丙烯(C_3H_6)	42.08	364.9	45.4	0.232
甲醇(CH_3OH)	32.04	512.6	79.8	0.272
乙醇(C_2H_5OH)	46.07	513.9	60.6	0.276
丙酮(C_3H_6O)	58.08	508.1	46.4	0.278

附录十二　水的安托因系数

$t/℃$	A	B	C
$0{\leqslant}t{<}30$	8.184 3	1 791.30	238.10
$30{\leqslant}t{<}40$	8.139 4	1 767.26	236.29
$40{\leqslant}t{<}50$	8.088 7	1 739.35	234.10
$50{\leqslant}t{<}60$	8.046 4	1 715.43	232.14
$60{\leqslant}t{<}70$	8.011 6	1 695.17	230.41
$70{\leqslant}t{<}80$	7.984 6	1 678.95	228.97
$80{\leqslant}t{<}90$	7.963 4	1 665.92	227.77

附录十三　醋酸-水二元系汽液平衡数据的关联

在处理含有醋酸-水的二元汽液平衡问题时,若忽略了汽相缔合计算活度,关联往往失败,此时活度系数接近于1,恰似一个理想的体系,但它却不能满足热力学一致性。如果考虑在醋酸的汽相中有单分子,两分子和三分子的缔合体共存,而液相中仅考虑单分子体的存在,在此基础上用缔合平衡常数对表观蒸气组成的蒸气压修正后,计算出液相的活度系数,这样计算的结果就能符合热力学一致性,并且能将实验数据进行关联。

为了便于计算,我们介绍一种简化的计算方法。

首先,考虑纯醋酸的汽相缔合。认为醋酸在汽相部分发生二聚而忽略三聚。因此,汽相中实际上是单分子体与二聚体共存,它们之间有一个反应平衡关系,即

$$2HAc \Longrightarrow (HAc)_2$$

缔合平衡常数

$$K_2 = \frac{p_2}{p_1^2} = \frac{\eta_2}{p\eta_1^2} \tag{1}$$

式中,η_1、η_2 为汽相醋酸的单分子体和二聚体的真正摩尔分数,由于液相不存在二聚体,所以气体的压力是单体和二聚体的总压,而醋酸的逸度则是指单分子的逸度,汽相中单体的摩尔分数为 η_1,而醋酸逸度是校正压力,应为

$$f_A = p\eta_1$$

η_1 与 n_1、n_2 的关系如下:

$$\eta_1 = \frac{n_1}{(n_1 + n_2)}$$

现在考虑醋酸-水的二元溶液,不计入 H_2O 与 HAc 的交叉缔合,则汽相就有三个组成:HAc、$(HAc)_2$、H_2O,所以

$$\eta_1 = n_1 / (n_1 + n_2 + n_{H_2O})$$

汽相的表观组成和真实组成之间有下列关系:

$$y_A = \frac{(n_1 + 2n_2)/n_总}{(n_1 + 2n_2 + n_{H_2O})/n_总} = \frac{n_1 + 2n_2}{n_1 + 2n_2 + n_{H_2O}}$$

将 $n_1 + n_2 + n_{H_2O} = 1$ 的关系代入上式,得

$$y_A = \frac{\eta_1 + 2\eta_2}{1 + \eta_2} \tag{2}$$

利用式(1)和式(2)经整理后得:

$$K_2 p\eta_1^2(2 - y_A) + \eta_1 - y_A = 0 \tag{3}$$

用一元二次方程解法求出 η_1,便可求得 η_2 和 η_{H_2O}:

$$\eta_2 = K_2 p\eta_1^2 \tag{4}$$

$$\eta_{H_2O} = 1 - (\eta_1 + \eta_2)$$

醋酸的缔合平衡常数与温度 T 的关系如下:

$$\lg K_2 = -10.420\,5 + 3\,166/T \tag{5}$$

由组分逸度的定义得:

$$\hat{f}_A = py_A \hat{\phi}_A = p\eta_1$$

$$\hat{\phi}_A = \eta_1/y_A \tag{6}$$

$$\hat{\phi}_{H_2O} = \eta_{H_2O}/y_{H_2O}$$

对于纯醋酸, $y_A = 1$, $\phi_A^0 = \eta_1^0$,因低压下的水蒸气可视作理想气体,故 $\phi_{H_2O}^0 = 1$,其中 η_1^0 可根据纯物质的缔合平衡关系求出:

$$K_2 = \eta_2^0/[p \cdot (\eta_1^0)^2]$$

$$\eta_1^0 + \eta_2^0 = 1$$

$$K_2 p_A^0 \cdot (\eta_1^0)^2 + \eta_1^0 - 1 = 0 \tag{7}$$

解一元二次方程可得 η_1^0。

利用汽液平衡时组分在汽液两相的逸度相等的原理,可求出活度系数 γ_i:

$$p\eta_i = p_i^0 \eta_i^0 x_i \gamma_i$$

即

$$\gamma_{HAc} = p\eta_1/p_{HAc}^0 \eta_1^0 x_{HAc}$$

$$\gamma_{H_2O} = p\eta_{H_2O}/p_{H_2O}^0 x_{H_2O}$$

上式中饱和蒸气压 p_{HAc}^0, $p_{H_2O}^0$ 可由下面两式得:

$$\lg p_{HAc}^0 = 7.1881 - \frac{1\,416.7}{t + 211}$$

$$\lg p_{H_2O}^0 = 7.918\,7 - \frac{1\,636.909}{t + 224.92}$$

参 考 文 献

［1］房鼎业,乐清华,李福清. 化学工程与工艺专业实验. 北京:化学工业出版社,2000.

［2］乐清华. 化学工程与工艺专业实验. 北京:化学工业出版社,2008.

［3］罗国华. 化学工程与工艺专业实验. 北京:中国石化出版社,2009.

［4］李岩梅. 化学工程与工艺专业实验. 北京:中国石化出版社,2012.

［5］李忠铭. 化学工程与工艺专业实验. 武汉:华中科技大学出版社,2013.

［6］徐鸽,杨基和. 化学工程与工艺专业实验. 北京:中国石化出版社,2013.

［7］朱炳辰. 化学反应工程. 北京:化学工业出版社,2012.

［8］陈甘棠. 化学反应工程. 北京:化学工业出版社,2011.

［9］H 斯科特·福格勒. 化学反应工程. 北京:化学工业出版社,2011.

［10］郭锴,唐小恒. 化学反应工程. 北京:化学工业出版社,2008.

［11］李绍芬. 化学反应工程. 北京:化学工业出版社,2013.

［12］马沛生,李永红. 化工热力学. 北京:化学工业出版社,2009.

［13］朱自强,吴有庭. 化工热力学. 北京:化学工业出版社,2009.

［14］张彰,刘红. 化工分离工程. 北京:中国石化出版社,2014.

［15］邓修,吴俊生,等. 化工分离工程. 北京:科学出版社,2013.

［16］陈洪钫,刘家祺. 化工分离过程. 北京:化学工业出版社,2008.

［17］徐东彦,叶庆国,陶旭梅. 分离工程. 北京:化学工业出版社,2012.

［18］米镇涛. 化工工艺学. 北京:化学工业出版社,2010.

［19］朱志庆,房鼎业. 化工工艺学. 北京:化学工业出版社,2011.

［20］刘晓勤. 化工工艺学. 北京:化学工业出版社,2010.

［21］陈五平. 无机化工工艺学(上、中、下). 北京:化学工业出版社,2010.

［22］黄仲涛. 工业催化. 北京:化学工业出版社,1994.

［23］杨世芳,周艳,曾嵘. 化工技术基础实验. 化学工业出版社,2011.

［24］黄仲九,房鼎业. 化学工艺学. 高等教育出版社,2008.

［25］陈洪钫. 基本有机化工分离工程,北京:化学工业出版社,1985.

［26］刘家祺. 传质分离过程. 北京:高等教育出版社,2005.

［27］时钧,汪家鼎,余国琮,陈敏恒. 化学工程手册. 北京:化学工业出版社,1996.

［28］吴指南. 基本有机化工工艺学. 北京:化学工业出版社,1990.